地中生命の驚異

秘められた自然誌

TALES FROM THE UNDERGROUND

A NATURAL HISTORY OF SUBTERRANEAN LIFE

デヴィッド・W・ウォルフ
DAVID W. WOLFE
長野敬＋赤松眞紀 訳

青土社

地中生命の驚異——秘められた自然誌　目次

地中生命の驚異——秘められた自然誌

謝辞

この本に寄与された多くの友人、家族、そして同僚の人々に公に謝辞を呈する機会を得たことは嬉しい。最初の草稿は時には長たらしくて退屈なこともあり、その各章を注意深く読み、多くの評言を加えて、この本の調子と読みやすさを大いに高めたテリー・クリステンセンの一貫して熱意に満ちた支援がなければ、私にはこの企画を完成させるだけの元気が続いたか、疑問に思っている。編集者であるアマンダ・クックに、大いに感謝したい。アマンダは早くからこれらの「物語」が語る値打ちのあるものだと信じて、企画の先頭に立ってくれた。与えられた多くのこまごました示唆で、文の調子が改良されたことに加えて、個々の章と本の構成全般にわたる巧みな誘導は、代えがたい価値のあるものだった。また、さまざまな方面に寄与されたペルセウス・ブックスの他の方々、そしてすばらしい挿絵を描いてくれたタマラ・クラークにも御礼を言いたい。

この本の見渡す範囲はひろく、土壌科学、微生物学、生物地質化学、生態学、人間と植物の病理学、動物行動、遺伝学、そして進化生物学にまでわたっている。こうした全部を手掛けるのに、私は多くの科学者仲間、とりわけディーン・ビギンズ、トム・アイズナー、ビル・ギオーズ、ゲァリー・ハーマン、ボブ・ハワース、ジョージ・ハドラー、ケン・マッジ、アリー・ナギブ、ジャニス・ジーズ、リン・トゥルリオ、およびカール・ウーズに援助を仰いだ。この方々がたいへん親切にその時間を割き、専門的また個人的な経験を惜しみなく分け与えられたこと、そして原稿の各部分を閲読されたことに、御礼を申し上げる。この人たちの示唆を全部取り入れることはできず、何を残し何を除くべきか、むずかしい決定を迫られた。最終の仕上がりに重大な遺漏や間違いが残っていれば、それはひとえに私の責任である。

コーネル大学は、科学の情報を社会一般の人々に伝えるように励ますことで長い歴史があり、こうしたところで仕事ができるのは幸いなことだと感じている。私はコーネルのマン図書館に保管されている立派な収集資料が利用できたことと、そこの献身的なスタッフから飛び抜けたサーヴィスが得られたことのおかげを蒙っている。この本の一部分は、サヴァティカルの休暇の間にリーノのネヴァダ大学で書いた。滞在の折に生化学科のジェフ・シーマンから提供された快適な環境に、感謝したい。

執筆と刊行について早くから有益な助言を得たことに対して、ダイアン・アッカーマンに特に感謝する。アランおよびローラ・フォークに対しては湖畔の隠れ家を、私がそれをもっとも必要とする時期に使わせて貰ったことに感謝。そして最後に、この大仕事を完了させるまでの長い無視の期間を快く許して貰ったことに対して、すべての友人たち、娘のアレクシス、さらに家族全員に御礼を言う。

序章

人と人の大地はいまだ汲み尽くされず
いまだ見いだされていない。
目覚めよ、そして耳をそばだてよ！
まことに、大地はいまなお回復の源であるだろう。
フリートリヒ・ニーチェ
『ツァラトゥストラはこう語った』（一九一一）

新しい発見のためには、地底深く潜ってみるには及ばない。たとえばちょっと裏庭に出て、雑草の根のあたりの土を二本の指先でつまみ上げてみよう。一〇億に近い生物個体、ことによると一万種ほどの微生物を手にしていることになるだろう。その大部分にはまだ名前もなく、分類も理解もされていない。何千本の草のひげ根とからまり合って、顕微鏡で見るほどの薄布のような菌糸が広がり、その全長はインチでなく何マイルというほどになる。ひと摘《つま》みの土でこれだけなのだ。標準的に健全な土を掌《てのひら》いっぱい掬えば、そこには全地球の人口より多い生物がいて、何百マイルの菌糸が延びている。

熱心な土壌生態学者のうちには、大学院生の一小隊を駆り集めて森や草原に送り込み、地下生活の完全な目録を編もうとした人もある。一平方ヤード（ざっと一平方メートルほど）のなかに、標準的には一〇億という数の線虫という顕微鏡的な虫、それよりずっと大きいミミズが何十とか何百匹、そして一〇万から五〇万ほどの昆虫などの節足動物（硬い外骨格をもった種）が発見された。これに加えて、そこには天文学的な数の菌類（カビ）、単細胞の細菌や原生動物、さらにこうした主要群に入らないその他の生物も入っている。節足動物は多くは微小で、虫眼鏡でようやく見つけられる。うまく分類できないものもある。要するにこれまで見たことのない生物なのだ。よく研究されている地域でも、はたらきがよく分からない節足動物その他の多細胞の種に出逢うのは普通のことである。

数の多さは人をたじろがせるほどで、その生物多様性は魅力的であり、発見の可能性は地球上の他のどんな生息場所もこれに及ぶものがない。それなのに我々は自分自身が住む惑星の地下を探るよりも、月や火星の小さな地表を調べることの方に多くの時間を費やしてきた。レオナルド・ダヴィンチの五〇〇年前の言葉が、いまもそのまま通用する。「我々は足元の土地についてよりも、天体の運行について多くのことを知っている」。現代の研究室でも、科学者が典型的な土壌試料に見出される微生物のうち一パーセントのものについて、養素を正しく混合して培養ができれば運がよい方だ。成功の見込みがこんなに薄いのは、一部には、地下の生物間の相互依存が複雑なことによる。彼らは、隣人たちから切り離されてしまうと生き続けられないのだ。ごく近年まで、土壌微生物の九九パーセントについて我々は無知も同然であり、死骸が顕微鏡下に観察できるのを除けば、捕らえた状態で飼育することなどできなかった。

しかし新しい手段が地下への窓を開き、地下の発見が続々と現れるようになった。これらの手段の多くは分子生物学の道具箱から借りてきたものだ。現代の犯罪の研究室では、犯行現場に残されたものから、容疑者の遺伝物質の切れ端を検出する。それと同じ手法を使って、ひと掬いの土とか地球の深いところで得た岩石標品の中から特有の生物の証拠を検出したり、そこに見られる微生物の多様性の幅を残らず突き止めたりできるようになっている。ここにはまだ、発見された多くの遺伝子のタイプはどんな機能のためのものなのかなど、多くの疑問が答えられずに残っている。けれども、新しく発見された生物の遺伝コードと、すでに分かっている生物のそれの類似を確かめることによって、科学者はそれまで未知だった遺伝子のタイプが生態学で果たしている役割が決定できることも多いのだ。この点で科学者仲間は、これまで手をつけられなかったあらゆるものの数量化と目録作りの機会が開けてきたのを、じつにありがたいと思っている。

分子生物学の革命的な突破口に加えて工学的な進歩も、地下深く潜った生物の住処に手を届かせる新しい道具を提供している。新しい特殊な掘削装置と無菌技術を使って、大陸岩盤や海床の三、〇〇〇メートルも奥にある微生物の住処までトンネルを掘り、それより上層の土壌や地表の微生物が全然混ざらない試料が回収できるようになったのだ。こうした探索の結果から地下深く、日光も酸素もまた定番メニューである炭素を含んだ食糧源もなく、しばしば水の沸騰点さえ超える高温の場所に、独立した生態系のあることが立証された。また別の研究前線では、光ファイバーを使った光学装置およびカメラの小型化と、無線の探索装置によって、穴を掘って生きている動物が地下の住処のなかでどんなふうに行動するのか研究するというこれまで例を見ない機会が、科学者には得られるようになった。生態学者には、絶滅のおそれのあるクロアシイタチのような種の保護のための貴重な情報が得られた。こうした情報はまた、農業の害獣となった穴掘り動物を人間が制御する方策を開発するのにも利用することができる。

こうした新しい技術による地下探検は、そのどれもが予期しない喜びに充ちている未開拓の領域に我々を案内してくれる。ふしぎの国を巡り歩いたアリスのせりふ、「いよいよますます奇妙きてれつだわ」というのが思い出されてくる。教科書が、あとを追い切れなくなってきた。生物学の古い観念は、ひっくり返りつつある。この惑星上の生命についての近視眼的な見方がどれほど「地表贔屓《びいき》」のものかということ、地下の生物については、もっとも目立つもの以外何も見ていなかったことを、我々は理解しはじめている。最近の科学のデータによれば、我々の足の下にいる生命の総量は、地上で観察する全部よりはるかに多いらしい。新しい有力な証拠にもかかわらず、我々は現実感を目で見るものに頼りすぎるので、こうした考えはほとんど受入れることができないほどだ。雨林の密生や、レッドウッドの大木の巨大さをこの目でみる我々は、もう一つの生命の世界、隠れた地下の生命界が、地上の生命の壮大な規模よりもさらに膨大だという可能性に面して、ただ頭を振って信じがたいと思うばかりである。

地下の新しい発見があるつど、ホモ・サピエンスが占めているニッチ（生態学的な地位）は、ますます脆弱で、かつて思っていたように中心的というにはほど遠いものであることが、ますますはっきりしてくる。天文学ではコペルニクスの発見で、宇宙における我々の物質的な地位についての観念は、がらりと一変した。それとちょうど同じように、地下の世界の巨大さと遺伝学的な多様性が新しく知られるにつれて、進化的な「生命の樹」において人間の占める地位の考えも、これを限りに一変するだろう。この革命は微生物学と土壌生態学のなかで歓迎もされずに始まったが、いまやはるかに広い進化や生物学の諸分野に波及している。そしてこの革命から、現に実際的な面での利益も得られている。たとえば我々は土壌微生物を動員して植物や人間の病気と闘わせたり、有害な廃棄物質の清掃を手伝わせたりしている。

地下生物学の現状は、五〇年前にジャック・クストーが初めてアクアラングを完成させて、隠されたもう一つの世界である海洋を探検したときを思い出させる。ちょっと妙に聞こえるかもしれないが、私の場合にはスキューバ・ダイヴィングを自分でやった最初の経験が、この本を書こうと思い立つきっかけになったのだ。このスポーツを始めてまだ数年だが、私は水中世界の光景の美しさと多彩さに打たれてきた。私や友人たちを引き連れて水中ツアーの案内をしてくれたプロの専門ダイヴァーには、いつも感謝の念でいっぱいである。我々が圧力計に気をとられたり、足のフィンで相手を蹴飛ばさないように神経を使っている間に、案内者はタンクを軽く叩いて、あれを見なさいという――なんと！　そこには巨大なターポン［カライワシ科の大魚、二メートルに達する］、あちらにはマンタとか目を引きつけるような他の遠洋の魚が泳いでいる。それから案内者は手で合図しながら我々を向こうのサンゴ棚に連れてゆき、お目当てのものを我々に見せてくれる。たとえば何か小さな海の生物が、水中の求愛ダンスを展開していたりする。

私は生態学者としての専門生活のなかで、大洋と同じくらいに多彩で魅惑的で、それよりもさらに知られていない地下の世界を探り、学ぶという稀な喜びを得てきた。科学で進行中の一つの革命を目の前に見るのも、刺激的な体験だった。この惑星の謎に閉ざされた地下世界で発見したものは、アウトドアの喜びと地球の全生命の多様性をつくづく感じさせてくれたばかりでなく、私の日ごとの生活の質を高めたと言っても、大げさとは思わない。大学の教授であり教師である私として、こうした体験を皆と分かち合いたいと望むのは自然なことである。

地下世界の信じがたいほどの美と多様性と活動を知ると、風景の見方が完全に一変してしまう。荒れた平原の眺めが、ひろがる青海原の眺望に似たものとなるのだ。私はニューヨーク北郊にある自宅に近いエリス・ホローの山道をよく歩きまわるのだが、そのとき両方の世界［地上と地下］がもっともよく感じられる。地表の生命の喜びも、もちろんある——緑の牧草地、カエデの木立、ブナ、ヘムロック・ツリー（米《べい》ツガ）、そしてお伴《とも》をしてきたラブラドール・レトリーヴァー犬に追い出されてくるシカや、あわてて逃げるウサギ。しかしこれらが表面《うわべ》の飾りにすぎないこともわかっている。見えないすべてのもののことを、私はよく承知している——すぐ足許の一部は地下何百メートルかもしれないところで、この惑星の全生命にとって元素の循環その他大事な役割を演じて、見慣れない生命形態が栄えているのだ。こうした地下の活動について、地上ではそれとない手がかりだけが得られる。放線菌（放線細菌）という土壌細菌の「大地らしい」香りや、ミミズが匐《は》ったあとに消化され「型枠」から押し出されてできた小さな盛り土や、もっと大型の動物が掘った孔の開口などもそうした手がかりだ。

私の博士過程の訓練は、生態学と植物生物学の分野にあった。過去一五年間のコーネル大学農学部での研究プログラムは、多少ともこうした経験にもとづいている。意外なことでもないが私の土壌生物への興味は、土の肥え方とか植物の健康に影響を及ぼす生物、とりわけ植物と有益な相互関係をもつ生物への関心から始まった。科学専門誌の記事や、他分野の同僚との討論を通して、土壌生物学のその他多くの側面で進んでいた革命的な発展に触れて、専門的な関心は次第に個人的な関心にもなってきた。この本の執筆では、自分の研究の周辺分野を詳しく掘り下げたり、興味深い発見の中心にいる科学者たちと語り合ったりする機会も得ることができた。

この本は、土壌生態学の包括的な扱いを目指したものではない。私の目的はもっとささやかで、地下に棲む何とも面白い生物たちの一部、そして折々はそれを研究した科学者や探検家の面白い話も読者に紹介したいと思うのだ。そこにはチャールズ・ダーウィンやルイスとクラークを始め、それほど馴染みのない人々も含まれている。多彩な地下の生物界と、我々の日常生活や二一世紀に直面する環境問題との関連を知って、読者は驚くかもしれない。私は地下の世界の「ダイヴィングの案内者」となって、いま理解の扉が開きつつある謎の世界を共に旅してゆきたいと考えている。

人間は地下の世界にはいたって不向きな生物である。大きすぎるし、日光と酸素に依存しているし、二次元の平面空間を考えるように遺伝的にプログラムされている。それゆえ地下の魅力ある世界に潜り込んでその良さを十分に理解することができない。裏庭の暗く湿った洞窟に生息する新しい生命体を探索するために、一日だけミクロの洞窟探検家になれたらどんなに素晴らしいだろうか。ずらりと並んだ見事な粘土結晶の間を、懸垂降下してゆくところを想像してみよう。ヘッドランプの光は、巨大な岩石ほどもある砂粒やシルト［砂よりも粒径の小さい土粒子］の間を走り回る奇妙な生物の姿を捉えようとしてあちこち動き回る。もしもミクロの潜水艇に乗り込むことができれば、上層を流れる細い水路を泳ぐ珍しい水生生物を見ることもできる。冷たくて暗い帯水層まで潜航し、あるいはさらに深

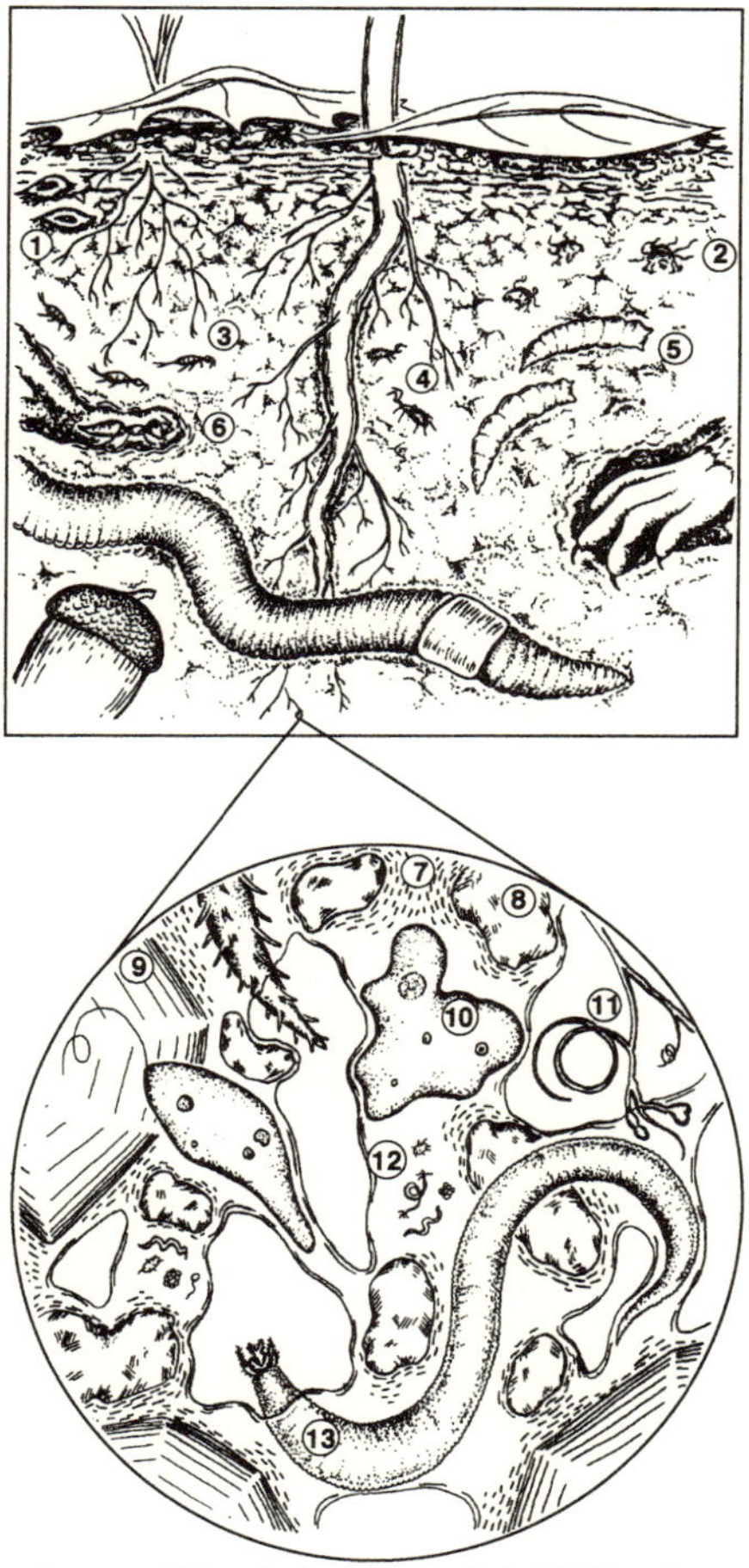

図序・1　植物が根を張る層の土壌多様性。上図、①埋った種子。②クマムシ。③トビムシ。④ダニ。⑤昆虫の幼虫。⑥アリ。下図（拡大図）、⑦粘土粒。⑧シルト。⑨砂。⑩原生動物。⑪菌類。⑫細菌。⑬線虫。（図は Tamara Clark による。）

く地球のマントルから湧き出るマグマに熱せられた高温多湿の層までたどりつくことができれば、もっと奇妙な世界が姿を現すだろう。こうした「夢のような航海」はもちろん不可能だが、少し想像力を働かせれば、地下の世界を展望する入口くらいまでたどりつくことができる。

地下は一つでなく、たくさんの世界がある。そこには珍しい棲み場所がたくさんあり、住人たちの大きさは、微小な細菌から簡単に目で見られるミミズや穴居動物まで、多岐にわたっている（図序・1）。砕けた岩や鉱物からなる不毛の地であった地球の最上層は、進化の過程を通して、これら多様な動植物相の活動で、地上と地下両方の生命を維持できるものに変わっていった。

医者は自分の患者を身体部分の寄せ集めとは考えない。それと同じように土壌科学者は自分の研究対象を、ただ土の寄せ集めとは考えず、有機的統一体の集合物、つまり鉱物、有機物、そして地表から深く潜り込む生物層のパターンを定義する「土壌断面」にもとづいて考えるのだ。土壌断面は、物理学的また生物学的な組成や形成の歴史による土壌分類のさいに指紋のように用いられる。土壌はその断面にもとづいて分類名で呼ばれる。それは生物学者が生物を識別するのに属と種の分類法を用いるのと同じである。分類を知っている人ならば、土壌断面の名前からその土壌の元になった岩石、地質時代の生物と気候の歴史の詳細、その地域の地形、農地や高層ビルなどの用途に応じた適性を直ちに知ることができる。

カリフォルニア大学デーヴィス校の大学院生だった頃に参加した土壌判定コンテストは決して忘れることができない。私は土壌学の博士号をとるために研究していた友人についていったのだ。彼は他の主要大学との決勝戦で、我が校の代表に加わっていた。それはスポーツ競技と言えるほどのものだった。張りつめた空気の中で競技者に注目が集まり、彼らの体内をアドレナリンが駆け巡っていた。土壌断面が見えるように、深さ六フィート（一・八メートル）ほどの穴が草地や丘に沿って数か所に掘られていた。塗り分けした地図、参考文献、種々の層の厚さを測るメートル尺を手にした学生チームが穴の中にいた。それぞれの場所の土壌の正確な分類が競技のゴールになっていた。勝者には栄光が約束されていた。私はただのオブザーヴァーとして、デーヴィスの学生が興奮した口調で議論するのを聞いていた。

「おい、この風化変質層 **cambic horizon** を見ろよ！　後氷期のものに違いない」「インセプティゾルだ！〔特徴が少ない若い（溶脱や風化が少ない）土壌〕」とある層を指さしながら一人が叫んだ。別の学生が「いや、それはない！」と文句をいう。「腐植土が浅く侵入しているところと粘度様の層準が見えるか？　アルフィゾル〔塩基に富む森林土壌〕だ。間違いない」そのとき私は、地下の世界のこの特別な言語、そして土壌断面の魅力が多くの人々をこの研究分野に引きつける上で重要な役割を果たすことを理解した。

私の土壌学の方の友人は、典型的な土壌断面といった考えは持ち出したがらないかもしれない。しかし読者に紹介するために、そのようなものを図序・2に示してみた。たいていの人々の定義では、上部の「O」層（有機質、オーガニックを表す）は真の土壌とは考えられていない。砂、シルト、粘土といった土壌の鉱物成分が含まれていないからである。一般に「堆積腐植層（リター層、落葉層）」と呼ばれるこの層の上部には、新たに落ちた植物の堆積物や朽木、昆虫や動物の死骸、その下には部分的に分解された有機物やミミズの糞が含まれる肥沃な部分がある。温暖な森林や草地の場合、この層は数インチ（五〜一〇センチくらいか）の厚さになるが、砂漠やツンドラ地帯にはほとんど存在しない。O層は地表と地下の世界の境界面であり、ここに見られる生物の多くは両方の世界に生きている。アリ、ワラジムシ、ムカデ、甲虫類など、お馴染みの節足動物がそこには含まれている。穴を掘る大型動物も部分的な地中生活者である。モグラ、ジリス、プレーリードッグ、ヨーロッパケナガイタチ［これの家畜化型がフェレット］、アナホリフクロウ、ウサギ、ツチブタ、キツネなどがこれに属する。多くのものはこの堆積腐植層の中で、落ちた果実や木の実、味のよいミミズとか昆虫のような食物を探し回るのに多くの時間を費やしている。地下で植物の根を食べているものもいる。また食物連鎖の上部に属し、小さな獲物を探し求めて地表あるいは地下のトンネルをさまよう捕食者もいる。このような穴に住む動物は地下の生物の中で最も知能が高く、複雑な社会構造をなす共同体の中で生活していることもある。プレーリードッグのコロニーは時として数千の個体からなり、数平方マイルあるいはそれ以上に及ぶこともある。

土壌生態学者にとって幸いなことに、大部分の活動は腐葉土層の中と、そしてその直下にあってA層と呼ばれる実際の土壌の最上層で行われる。A層は一般に一〇〜四〇センチメートル（四〜一六インチ）の深さである。土壌断面全体の中でも概してこの部分に、最も高い密度で植物の根や土壌生物が見られる。ここには砂、シルト、粘土鉱物に加えて有機分解物も豊富に含まれている。農作業のかな

O　鉱物質土壌の表面の上に乗っている有機層。落葉その他の有機物を含む。

A　土壌の最上層。分解した有機物質や生物残骸の比率が比較的高い。

B　一次鉱物質土壌層。堆積した粘土や、鉄とかアルミニウムの酸化物からなる。

C　風化の程度の低い鉱物質土壌。

R　風化していない岩石質の「母体」物質。

図序・2　典型的な土壌断面図。基本的な土壌の層（「ホライゾン」）を示す。挿絵は Tamara Clark.

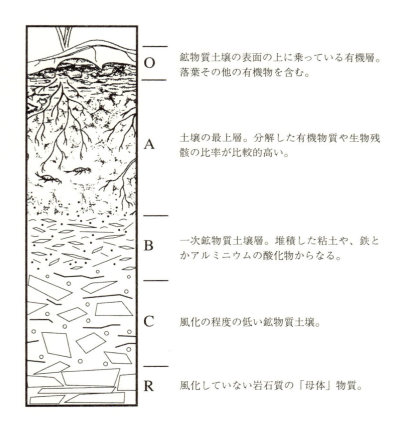

りの部分は、作物の生産性に重要なこの「耕土」の管理に費やされている。

作物、野生植物、大型の樹木などいずれについても、我々は植物を地上に見える葉の部分で考える傾向がある。もちろんこれだけでは、話の半分にしかならない。実のところ、植物は地表と地下の両方で「同時に」生きる点でこそ独自である。植物は二つの王国の偉大な仲介者なのだ。葉は光合成を通して炭素とエネルギーを集め、根は水や必須栄養物質を求めて土を掘る。そして最後には食べられたり、枯死し分解されて、地上と地下の生態系における食物連鎖の底辺を支える役割を果たしている。

植物の根にすぐ接している土壌領域には、生きた根から滲み出たり、死んだ根毛の分解から出てきたりする糖分その他の養分が豊かに含まれているので、生物が密度高く住んでいるという特徴がある。根それ自体も、土壌生物体量の大きな部分を占めている。魔法の力で地下の世界を逆立ちして散歩できたら、地上に見られる木の幹や枝葉と同じくらいの密度で、鬱蒼《うっそう》と繁った根の「森」を見ることだろう。

多くの植物の根は、単独で水や養分を探し求めるわけではない。根は集合的に根菌と呼ばれる有益な土壌菌類の助けを借りている。根菌は根に付着して異種植物間の地下のネットワークをなしている場合も多い。しかしすべての菌類が役立つわけではない。植物を病気にしたり、他の土壌生物に寄生するようなものもあるが、大方のものは無害で、朽木や他の有機堆積物だけを栄養源にして、分解と養分の循環のなかで重要な役割を果たしている。O層とA層に張りめぐらされたあらゆる種類の菌糸は、小さな土壌粒子を繋ぎ合わせて土壌に恩恵をもたらす。土壌中の排水と通気を改良して、土の構造の「耕土性 tilth」を高めているのだ。

　上部の二層に見られる何千種もの細菌は、この地球上で生命を維持する生物地球化学的な循環において重要な役割を果たしている。多くのものは有機物質を分解して、植物の根が吸収しあるいは他の土壌生物が利用できる基本的な物質を作り出す。廃棄物、汚染物質、毒素のうちで、どの細菌にも分解できず、食糧源にできないものは少ない。土壌上部に見られる数種類の細菌には植物、動物、そして人間に対して病原性のものもある（そうだ、母の言っていたことは正しかった。泥遊びをしたら手を洗うべきなのだ）。しかし他の細菌は、植物の根に付着して糖分と引き替えに窒素を植物に供給するあの重要な

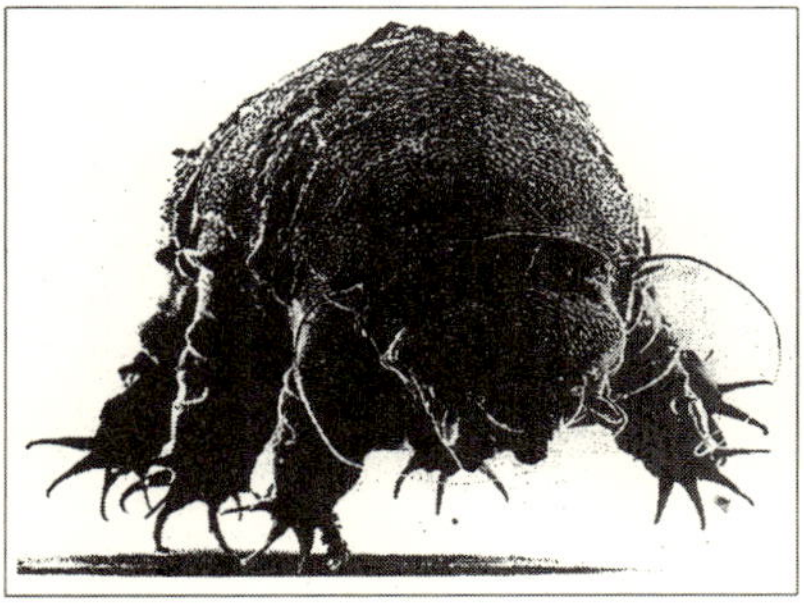

図序・3　クマムシ（緩歩類）の走査電子顕微鏡写真。クマムシは通常、湿った泥やコケとか落葉に住みついている。カリフォルニア大学デーヴィス校の John H.Crowe の厚意による。

窒素固定細菌のように、互いに有益な共生関係を結んでいる。A層と腐葉土層にはたくさんの小さな節足動物が生きている。小さなクモに似たダニやトビムシ（地上に文字通り飛び出すものもいる）は、たいていの土壌に大量に住んでいるが、虫眼鏡がなければ見過ごしてしまう。森林土壌一平方ヤード（〇・八平方メートル強）には、一〇万匹ものトビムシが見られることもある。トビムシは初春に雪が溶け始めた雪溜まりに大量に出現することもあるので、雪ノミ（snow flea）としても知られている。また、節足動物ではないが顕微鏡でなければ見えないほど小さいクマムシもよく見られる。この虫にこの名をつけたのは一九世紀の有名な生物学者トマス・ハクスリーで、彼はこれがクマに似ていると考えのだ（図序・3参照）。この生物は本質的に水生で、コケや植物堆積物に付いている水の膜の中を泳ぐ。クマムシは正常時の数パーセントまで水分含有量を減らして、条件が再び良くなるまで（必要ならば一〇〇年間でも！）休眠することで有名だ。クマムシや節足動物は、土壌中の食糧網の一部をなして、有機堆積物や線虫、あるいは土壌上層にたくさん生きている菌類その他の微生物を栄養源としている。

土壌生物のうちでも、当然最もよく知られ愛されているのはミミズだろう。この生物は夜になると下層から落葉を集めに這い上がってくるので、腐葉土層で見つけることができる。落葉樹林を歩く時に、乾いた葉柄の束が突き出ている開口部を探すことを知っていれば、ミミズの穴は簡単に見つけられる。落ちたばかりの植物堆積物を最初に取り込むミミズは、地下の「生物攪拌機」として極めて重要な生物なのだ。その穴は食物の根や他の地下生命に酸素を送るパイプラインの働きをする生物孔（biopore）を作り出している。地中を掘り進みながら大量の土を食べ、そこから有用な養分を取り出すことを考えると、土の虫（earthworm）というミミズの英語名は実に的を射ている。ミミズの糞には有機物が豊富に含まれるので、そこでは小さな節足動物や微生物が大量にコロニーを作り、これらの生物が物質をさらに分解する。読者の家の裏庭もたぶんそうかもしれないが、多くの生態系では、最上部の「土壌」の大部分はミミズが食べた後に残していった糞からなっているのだ。

さらに下に向かって旅を続けると、次にB層が現れる。ここでも根や土壌生物は見られないわけではないが、数は少なくなっている。この深さでは節足動物はほとんど見られないが、ミミズ（一メートルほどの深さまで楽に潜ることができる）、菌類、線虫類、細菌類には出会う。B層はしばしば粘土を多く含み、この層の最上部近くには腐植土（humus）と呼ばれる高度に分解された黒い粘着性のある有機物が見られることもある。

一般に地下三～六フィート（一～二メートル）から始まるC層には、有機物質はほとんど含まれていない。この部分での生命活動は、微生物のみによることが多い。この深さでは細菌数は土壌一グラム（一つまみ）あたり千匹以下である。ちなみにこの数は、地表近くでは一〇億にも達するのだ。ごく最近まで、C層より下の部分は生命を維持できないと科学者は考えていた。しかし一般的な土壌の下で数千フィートの深さに栄える微生物の生態系が、この数十年の間に発見された。放射能や地球内部から湧き上がる熱いマグマで熱せられるほど深い場所で生きているものもいる。このような環境に生息する微生物は酸素や光なしに水の沸点を上回る温度で生きていることから、「極限環境微生物（直訳すれば極限愛好者 extremophile）」と呼ばれる。

地下の壮観な生物多様性を知れば知るほど、たくさんの疑問が生じる。それはいつどこで始まったのだろうか。三五億年間も地球上の生命を維持してきたこのようなリサイクルのシステムを、地上と地下の生物はどのようにして作り出してきたのだろうか。

我々の旅はこのような疑問にも注意を向けるので、過去を少し掘り返す必要も出てくるだろう。第一章では地球と土壌の起原から話を始める。さらに、この惑星上の生命が地下で最初に生じた可能性を示す証拠にも触れる。第二章と第三章では、地球の最も古い生命形態である極限環境微生物を取り上げ、その驚異的な遺伝的多様性が発見されたことによって、進化の道筋や系統樹における人間の位置を完全に見直す必要が生じてきた事情を学ぶ。第四章〜第六章では地下に住む目立たない生物（細菌類、菌類、そしてミミズを含む）、そしてそれらが元素の循環やエネルギーの流れにもたらす途方もなく大きい影響について学ぶ。第七章は植物や人間の恐ろしい病気に関連して土壌の二重性を論ずる。土壌微生物の中には人間に病気をもたらすものや、最も強力な抗生物質を提供してくれるものがあるのだ。第八章では、プレーリードッグをはじめ穴に住む他の動物と人間の相互関係で見られた悲惨な歴史について述べる。最終章では、我々の食糧の安全性にとって重要な土壌資源に人間の活動が及ぼす影響と、そして損傷を受けた土壌の生物再生（bioremediation）に土壌微生物を利用する可能性を探る。

この旅には特別の道具立ては何も必要ない。強いて言えば読書用の眼鏡くらいだろう。静かな場所に座り心地のよい椅子を用意して、さあ出発しよう。

第1部　古代生命

第1章　起源

生命の起源が軌道に乗るには、……ほとんど奇跡というほど多くの条件が満たされねばならなかった。
フランシス・クリック『生命、その本性と起源』(一九八一)
〔『生命、この宇宙なるもの』思索社(一九八九)〕

奇跡だからと、なぜそんなにご大層に言うのか。
私には、知るものすべてが奇跡だ……
空間の一立方インチごとに奇跡が詰まり、
大地のあらゆる一平方ヤードにも
それは同じようにひろがり、
足もとのどの一フィートにも、ひしめいている。
ウォルト・ホイットマン『草の葉』(一八五五)

地球を作ったのは繊細な手ではなかった。隕石の荒々しい力で、数億年もかけてゆっくりかたち作られてきたのだ。大地、海、そして我々の祖先にあたる原初の微生物は、カオスとカタストロフィーの只中から現われてきた。この経過が始まったのは、星が爆発した後に高温気体と核の灰の雲が残り、その渦の中からわが太陽系が固まってきた時代、今から数十億年前のことだった。そのころ地球に衝突した物体のうちには、小惑星と言えるほどの大きさのものも含まれていた。衝突で生じた運動エネルギーは地球を文字通りに芯から震わせて、岩石質の地殻と内部を、かなり溶かしてしまうほどだった。微小な惑星体や隕石のかけらには、永久に地球内部に埋め込まれてしまったものとか、爆発で巨大な破片となって宇宙空間に吹き飛ばされてゆくものもあった。原始地球は次第に質量を増した。それは彫刻家が粘土を一握りずつ叩きつけるにつれて大きくなってゆく球体のようだった。大きさが増すにつれて地球の重力も増し、宇宙空間をさまよう岩屑を、さらにたくさん引き寄せるようになった。

このようにして徐々に形づくられてきた地球だから、その誕生日をいつと特定するのは難しい。多くの地質学者は「放射能時計」によって、つまり地殻に含まれているウラニウムや鉛のような元素の放射性崩壊の測定値にもとづいて、地球の年齢を約四五億歳と考えている。地球は最初の数十億年間に、すさまじい成長の痛みを体験した。隕石の衝突が間遠くなり始めたころ、熱くなった地球の内部から「ガス抜き」がなされるにつれて、いたる所で激しい火山の噴火が起こった。地球の表面温度がようやく冷え始めたころには、大気に含まれていた大量の水蒸気が凝縮し、文字通り聖書が書いているような豪雨となって降り注いだ。猛烈な雨は数百年間続いて、そこから水圏、つまり海洋が作り出された。

火山の噴火や地下のマントル層の押し上げによって作り出された火成岩や変成岩は容赦なく降り続く雨に洗われ、鉱物質が海に流れ込んだ。これは原始土壌が作られる上で欠くことのできない第一段階であり、これがやがて活気に満ちた動植物の生命を維持することになる。この原始土壌に有機物は含まれず、砂、シルト、粘土鉱物がいろいろの割合で含まれていた。

土の鉱物成分のうちでも粘土は特徴的である。粘土は化学反応性のある微小な結晶のような構造物で、ケイ酸塩と金属酸化物の飽和溶液から析出してくる。それに対して砂とシルトは大粒で不活性な粒子であり、単に岩石が風化したり微粉になったりしてできたものだ。粘土には、地下深く高温高圧のマントル層の中で結晶化した後に、地球内部からの拡散で地表に押し出されたものもある。この押し出し過程は地球のマントル奥深くで放射性物質の加温作用によって進行するもので、地殻表面で大陸を動かしているプレートテクトニクスと同じく、地質学的なサイクルの一部分をなしている。

星くずを材料としてできた我々の惑星が、一定の方向もなしに作用しようとする熱力学的な傾向に抵抗して、複雑にデザインされた生物系を組織してきたその方法は謎であり、科学者たちを長年悩ませてきた。しかしこれだけはわかっているという事柄がある。生命——つまり生物圏——は、地球の歴史における騒然とした最初の一〇億年ほどの間に、そのどこかで現れたのだ。近年発見された微化石や、細菌のコロニーが目で見えるマット状に固まったストロマトライトと呼ばれるものは、微生物が三五億年かそれ以前からすでに存在していたことを示す明らかな証拠となっている。このような生物が出現する直前には度重なる隕石の衝突や火山の噴火があり、強い紫外線（ＵＶ）が降り注いでいたことが（大気上層にオゾン層がなかったので）、最近ではわかってきた。このことから多くの科学者は、地球最初の生命系の先祖は地表よりも奥の方で生じたのだろうと確信している。当時、母なる大地の安全な子宮から思い切って外に飛び出してきた新種は、いずれも地表のなんらかの大激変によってたちまち破壊され、進化の芽は摘み取られてしまっただろう。若い地球は戦場さながらで、もっとも安全な場所といえば地下に潜ることだった。

地下を生命のゆりかごとすることは、二〇世紀の大部分にわたって普及していた考え、つまり水分が蒸発して生命出現に適する「原初のスープ」となった浅い水溜まりの中とか、あるいは海水面の近くで生命が始まったとする考えに反していた。原初のスープという考えは、生命が「温かい小さな池」から生じただろうというチャールズ・ダーウィンの推測に端を発している。ダーウィンは一八七一年に、同僚の植物学者ジョゼフ・ドールトン・フッカーに宛てた私信にこのことを書いている。ただし彼はこの考えに確信を持っていたわけではなく、それを広めようとも考えなかった。それにもかかわらず、彼の後継者たちはこれをかなり真剣に受け取った。この手紙はそれ以来、生命の起源に関するあらゆる書籍や評論に引用されている。

ダーウィンは、自分がたまたま述べた一言が二〇世紀の考え方に影響を及ぼしたことを知ったら、意外の感に打たれるとともにいささか困惑したことだろう。この問題は研究の基礎が確立する後の世代に任せるべきものだということを、彼は他に書いたものの中ではっきり述べていたのだ。一八八一年にカルカッタ植物園の園長ナサニエル・ウォリッチに宛てた手紙で、ダーウィンはこの問題が当時の科学の力を超えたものだと書いた。「私が生命の起源の問題を意図的に論じないのは現在の知識の及ぶところでないからであるとあなたが言っておれらるのは、まさに私の見解を正しく述べたものです」。

生命の起源の詳細は、永遠に我々の理解の及ぶところでないのかもしれない。しかし二一世紀を歩み始めた我々には、胸を躍らせるいくつかの手がかりも待っている。手がかりの大部分は、生命のゆりかごが「温かい小さな池」でなしに海底の濁った堆積物の中とか、水が溜まった地殻の間隙の奥深い部分など、地下の環境を指し示している。地球初期の数億年間の猛烈な気候の混乱から逃れるには、地下がもっとも安全な避難所だったと考えられるし、以下に見てゆくように裏付けとなるのはそれだけではない。地下は原初の化学反応に必要な材料がそろった場所であり、地球最初の生命形態の直系と見られる奇妙な微生物を今日我々が発見できるのも、この場所なのだ。

しばしば引用されることになった温かい小さな池の考えを、ダーウィンが手紙に書く数年前に、もう一人の当時著名な生物学者トマス・ハクスリーは『生命の物質的基礎』を刊行した。この著作は大胆な内容で、多くの人々に読まれた。ハクスリーも生命の起源を突き止めるには時期尚早とすることではダーウィンに同意しているが、生物は原子から構成されており、生命活動は物理と化学の法則に支配されると説いた。分子生物学の分野が出現するのはそれからさらに一世紀先だったことを考えると、彼は極めて深く問題の核心に迫っていたことになる。彼は多くの方面から異端視されたが、ダーウィン進化論の恐れを知らぬ雄弁な信奉者としてすでに知れ渡っていたハクスリーにとって、それは特に新しい経験でもなかった。

ハクスリーは生命の進化の原材料として四つの元素を特に挙げた。水素、炭素、酸素、窒素である。周期律表の一〇〇種類以上もの元素のうち、彼の特に挙げた四種類の元素が人体を構成する原子の九五パーセント以上を占めていることは、現代の化学分析で実証されている。細菌類、菌類、ミミズ、ホホジロザメ、アメリカスギ、どんなものについても同じことが言えるのだ。あらゆる（我々の知る限りの）生命形態で元素組成が似ていることも、ハクスリーが強調した点だった。

しかしさらに注目すべき点は、生物と宇宙全体の元素構成がよく似ていることだ。生物界の大半を構成するとハクスリーが考えた四元素は、宇宙で最も多い元素の上位五元素にランクされていることが、最近得られた星や宇宙塵の分光法による測定から実証されている。これから見てゆくように、生命の奇跡はその複雑さの中にあり、材料の希少性にあるのではないのだ。

水素は宇宙の全物質の九〇パーセント以上、人体の原子数の六〇パーセント以上を占める。水素はすべて、一五〇億年前に起きた「ビッグバン」の激しい爆発によって形成された。水素はあらゆる原子のうち最も単純なもので、一個ずつの陽子と中性子を含む核と、その周りをまわる一個の電子からなっている。人体に含まれるその他すべての元素は、燃えさかる星の核融合によってその後に作り出された。水素から始まる簡単な軽い元素の核がその核融合の中で衝突しあって、より重い元素の核が形成される。一九八三年に元素の起源に関する研究でノーベル賞を受賞したウィリアム・ファウラーは次のように言う。「我々はみな、文字通り星屑の小さなかけらにすぎない」。

生命の基本的な元素を持つという点では、地球は決して宇宙の特殊な存在ではない。実際には太陽系形成の初期段階の発展の仕方が原因で地球よりも太陽から遠い惑星のうちにも、水素、炭素、酸素、窒素を地球よりも多く持つものがある。それでも、我々や全生物の仲間がここにいるという事実は、地球も生物圏を繁栄させるのに十分なだけの必須元素は持っていることを証拠立てている。ただし、これらの元素をリサイクル（循環）させるシステムが備わっていることが条件となる。後でも論ずるように、この循環システムで土壌生物は中心的な役割を果たしている。ここで鍵を握る問題は、地球でこれらの基本元素から生命が生じたのに、他所《よそ》では生じなかったのはなぜかということだ。

生命を生み出すことができる惑星としての地球の利点は、必須元素が豊富に存在することではなく、これらの元素の多くが、地球化学から生化学への進化をうながす特殊な分子を作り出したという事実にある。トマス・ハクスリーは一八七一年の論文で、地球上で生命ができてくるのに必要な三種類の簡単な分子として、水（水素と酸素）と炭酸（炭素、水素、酸素）とアンモニア（水素と窒素）を特に挙げている。このハクスリーの断言はその後も時の試練に耐えてきた。生命の起源をめぐる現代のあらゆる学説も、この三種類の分子が果たす重要な役割を認めているし、その一つである水の大量に存在することが、この青い惑星の最大の特徴だという点で意見は一致している。

我々が知るすべての生命の化学は、水のある環境のもとで起こった。生命に必要なその他多くの化合物も、水の存在下で初めて使いものになる。それら化合物の役割は水に溶けるか否かということ、そして水がその化合物の電気化学的な特性に及ぼす影響によって決まってくる。水は地上にも地下にも、いたるところに存在する。乾燥して生命が存在しないように見える砂漠でも、粘土や多孔質の岩に張り付いた膜状の水に、たくさんの地下微生物が群をなして泳ぎ回っているのが顕微鏡で見られる。

地球上での生命出現に先だって重要な有機化合物（炭素と水素を両方とも含んでいる）が最初に合成された場所は水中や、水で飽和された土壌や堆積物の中だった。アミノ酸、ヌクレオチド、脂質などの有機化合物は、地球で最初にタンパク質、遺伝子、細胞膜を作る上でそれぞれ重要な成分だった。これらの成分の合成は、自然界における熱力学の基本法則が化学反応に有利に働いた場合、あるいは熱力学の障壁を超えるエネルギーが外部から供給された場合にのみ、ひとりでに進行できただろう。坂道に置いたボールはエネルギーを加えて押し上げない限り転げ落ちてしまうように、化学反応もエネルギーを加えない限り熱力学的に低い状態に向かう傾向にある。ノーベル賞を受賞した生化学者クリスチャン・ド・デューヴは、「生命の経路はずっと下り坂であったに違いない」と感じていた。

しかし今日わかっている生物は、ひとりでに自然発生したりしない。生物の分子とその反応は極めて高度に組織化されていて、無秩序に向かう熱力学の基本法則であるエントロピーに逆らうものなのだ。生物は外部エネルギーを取り込む仕組み（たとえば光合成生物による太陽エネルギーの取り込み）を進化させてエントロピーとの闘いに勝ち、そのエネルギーで坂を昇る反応つまり熱力学的に不利な反応を進めてきた。生物が死ぬとこの能力は失われ、エントロピーが勝負に勝ち、複雑な生物分子は異化反応によって元素に分解される。ここで疑問がでてくる。生命を構成するこれらの基本成分の合成は熱力学的に不利なのに、その合成に必要なエネルギーを調達してくれる生物が出現する以前に、そうした成分分子はどうやって存在するようになったのかということだ。

一つの可能性として、エネルギーを必要とする反応は、その近傍に進行しやすくてエネルギーを放出する別の反応があって、それと強く結びついていたことが考えられる。また別の可能性として、紫外線あるいは落雷のような予期せぬ外部エネルギーが偶然与えられた場合があるかもしれない。一九五一年にシカゴ大学の物理化学者ハロルド・ユーリーのもとで研究していた大学院生のスタンリー・ミラーは、後者の可能性を実証する生命の起源の画期的な実験を行った。彼はフラスコとガラス管と冷却管をつなげて作った装置に、水素とアンモニアとメタンからなる人工的な大気と水の「海洋」を閉じ込めた。そして稲妻を真似た放電で化学反応のエネルギーを供給した。操作を続けて約一週後に液体成分は真っ赤な色になってきたので、ミラーは成分を分析してみた。すると、もとのメタンガスに含まれていた炭素のうち一五パーセントは、数種類の水溶性のアミノ酸になったことが分かって、研究者と科学界を驚かせた。アミノ酸はタンパク質のような巨大分子ではないが、単純な物質の混合物からそれが合成されたという事実はちょっとしたショックを人々に与えた。

ミラー＝ユーリーの実験で得られた他の重要な生成物には、ホルムアルデヒドとシアン化水素（青酸）が含まれていた。ホルムアルデヒドは自己集合して環状のリボースという糖を作り、リボースは我々の遺伝物質であるＲＮＡ（リボ核酸）とＤＮＡ（デオキシリボ核酸）の重要な成分となるので［ＤＮＡの場合には僅かに変化して］、これは胸を躍らせるような結果だった。青酸の方は最初、好ましくない毒性の副産物と考えられていたが、この物質から、生化学で極めて重要であるアデニンという分子ができる可能性がやがて明らかになった。アデニンもリボースと同じく、ＲＮＡとＤＮＡのほかに、生命の化学エネルギーの貯蔵と伝達において最も重要な分子であるアデノシン三リン酸（ATP）の構造の一部分にもなっている。

一九七〇年代になると生命の起源の謎は解決されたも同然と考える科学者も出てきた。「生命の素材」であるアミノ酸、ヌクレオチド、脂質をわけなく作り出せることが分かってきたからである。ありふれた化学物質に稲妻や紫外線のようなエネルギーをさっと一振りすれば、それ！　それは正確には生命でなかったが、人々の想像をかき立てるだけの面白さはあった。

しかし一九八〇年代になり、地質学や天文学の分野から新たな証拠が得られるにつれて、ミラー＝ユーリーおよびその後の実験から推測された地球の原始大気と海洋の考えは核心に迫っていないことが指摘され、研究は気勢が殺《そ》がれてしまった。水素ガスは非常に軽いので、地球の重力場では十分な量を大気中に引き留めておくことができない。また、地球の大気が進化する道筋のどこかでメタンやアンモニアが存在した可能性はあるが、ミラーとユーリーが想定していた濃度は、どう見ても高すぎるようだった。

ミラー＝ユーリーの素晴らしい実験が無意味かと思われるようになったその頃、それまで全然知られていなかった地下環境の発見が新たな希望をもたらした。生命の起源研究における先駆者たちが生命を作り出す基本成分と考えていた水素、メタン、アンモニアが、深海の熱水噴出口や地殻奥深くのある地域で生じることがわかってきたのだ。このような地下の環境は放射能と圧力と地下のマントル層の上昇によって、水の沸点近い高温になっている場合が多い。エネルギー収支の計算からは、このエネルギーがアミノ酸やヌクレオチドの合成に用られる可能性が示唆される。

この発見から、生命の基本成分が合成された方法に辻褄の合う説明はつくかもしれないが、二〇世紀が終わった今日でも、生命の起源の謎はまだ解決からほど遠い。皮肉なことに生命の起源の研究を袋小路に追い込んだのは、二〇世紀生物学での最大業績の一つであるDNAの機能と複雑な分子構造の発見だった。

生物学者はDNAの長大さと複雑さに驚嘆する。二本のポリヌクレオチド鎖が絡み合って有名な二重らせん構造を作り、それぞれの鎖に並んでいる何千個ずつかのヌクレオチド配列が、遺伝暗号をなしている。ヌクレオチドが山ほどあったとしても、こういう見事な遺伝子は、どうやって組み立てられたのだろうか。アミノ酸のスープから複雑なタンパク質が合成されることに関しても、同じ疑問が出てくる。ただエネルギーを供給するだけでそのようなことが起こるとは思われない。オーストラリアの物理学者ポール・デーヴィーズによると、そのような考えは「煉瓦の山の下でダイナマイトを爆発させれば家ができると考えるようなもの」だそうだ。

現在の細胞では、細胞分裂のさいにDNAの鎖がそれぞれ鋳型となって、相補的な関係をなす相手の鎖が合成される。この過程は酵素で触媒される。酵素は巨大なタンパク質分子で、複雑に折り畳まれた数百個のアミノ酸で構成されている。DNA合成のさいには、その進行を助ける酵素のさまざまな畳まれ方や追加の補助分子が、正しいヌクレオチドを正しい方向で結合させる助けとなって、必要とされるエネルギー量を減少させている。しかしアミノ酸配列を指定するDNAを含む細胞がまだ存在していなかった前生物の時代には、どうやってそのような酵素が作られたのだろうか。これはあちら立てればこちらが立たずという、頭の痛い相互依存の状況だ。ヌクレオチドの繋ぎ合わせを触媒するタンパク質である酵素がなければ、DNA（あるいはRNA）の合成を考えることは不可能に近い。そして何百個あるいは数千個のアミノ酸がつながっている酵素タンパク質の鎖が、DNAと、DNA暗号の「作業用コピー」である一本鎖RNAの指令なしに作られることも、同様に考えにくい。

二一世紀に入ってくるころ、多くの科学者は生命の起源の謎が二つの基本的な問題に絞り込まれてきたと考えるようになった。第一の問題は「ニワトリか卵か」ということ、つまりタンパク質合成に必要な暗号をもつ遺伝子と、遺伝子合成を触媒するタンパク質酵素と、そのどちらが先かという問題だ。第二の問題は、どちらが先だったにしても、それがまずどのように作られたのかということである。これらの問題に答を与えようとする理論はたくさんあり、その一つでは土壌そのもの——正確にいうと粘土鉱物——が重要な役割を果たしていたとされる。

この考えは新しいものではない。科学的な説明など何も存在しなかった何千年も昔から、人間は土壌と生命を結びつけてきた。聖書の創世記第二章には「主なる神は大地の塵で人を造」ったと記されている。いみじくも、聖書の物語によるとエデンの園に住んだ最初の人間の名はアダムだった。これは土とか粘土を意味するヘブライ語のアダマ **adama** がもとになっている。そして人間の学名はラテン語のホモ・サピエンスだが、このホモ **homo** は、「土の」と訳せる **humus**［いまの英語ではこのままの形で〈腐植土〉という語からきている。一八五二年に先住民部族が所有する北西部の購入を申し入れた米国政府に対して、そこに住むシアトル酋長が「どうして大空や土地の売り買いができるのか。我々には馴染みがない考えだ。……我々は土地の一部であり、土地は我々の一部なのだ」と答えたように、多くのアメリカ先住民族の文化は土地との間にとりわけ強いつながりを感じている。

土壌と生命のつながりの科学的な説明は、基礎的な化学に根ざしている。帯電している粘土鉱物の表面が原始酵素として働き、地球で最初の複雑な生合成の触媒部位になったことが示唆されるのだ。その結果として生じてきた巨大分子のうちには、簡単な核酸の鎖やアミノ酸の鎖があったかもしれない。さらに過激な説によると、粘土の結晶自体が地球で最初の自己複製型の「ローテク遺伝子」だったという。成長する粘土結晶は実際に生きているわけではなかったが、簡単な方法で進化して自分の環境を形づくることができた。この結晶の一部のものが、その構造にアミノ酸または核酸を取り込むことによって生き残り、複製ができるようになったのかもしれない。進化の時を通していっそう複雑になり効率的になった有機巨大分子が、複製と合成の機能を引き受けるようになり、粘土の基礎構造の方は捨て去られたというのだ。

肉眼で見ると粘土は「土」を構成する他の成分とほとんど区別できず、特別な存在には見えない。しかし電子顕微鏡で見ると、結晶構造と絶妙な美しさが明らかになる（図1・1）。そして分子レベルでは、帯状あるいは網目状に結合した酸素と珪素の（あるいは他の金属の）原子からなる幾何学パターンを形成している。この帯とか網目は板状（プレート）に積み重なり、電気化学的な力でまとめられている。濡れた状態になると、水の分子が層の間を滑らかにしてプレート同士を滑らせる。粘土にはこうして変形自在の特性が与えられるので、鉢でも花瓶でも、その他あらゆる形や寸法のものが作れるのだ。たいていの子供は幼いころ「泥んこ」の中で友達と走り回って、この特性を学び知る。大人でも裸足で湖沼を歩いて、ぬめっとした粘土質の底土を爪先で押し分けたときの一種ぞっとするような感

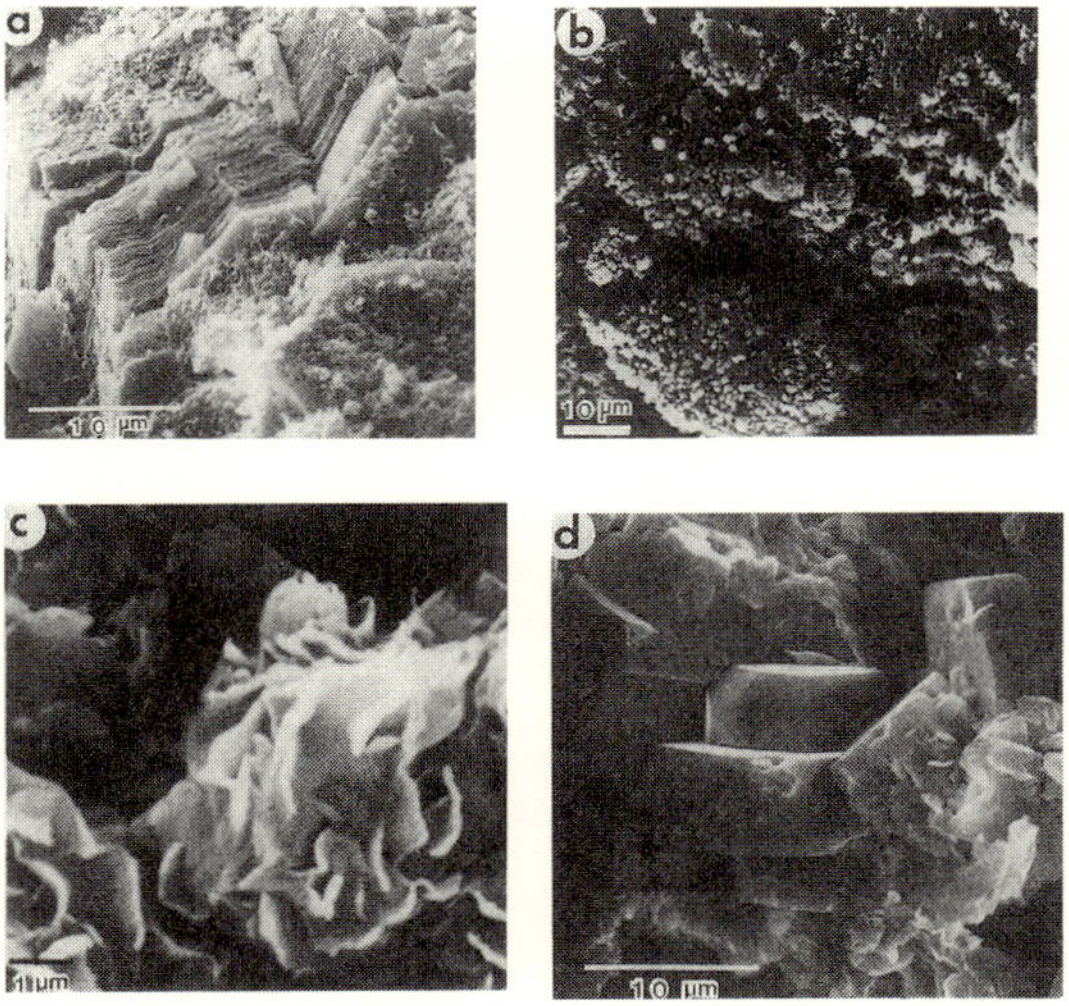

図1・1　各種の粘土構造の走査電子顕微鏡写真。A.L.Senkayi et al., *Clays and Clay Minerals* 32 (1984): 259-271より。

触が楽しいという人もいるだろう。

顕微鏡的な大きさで層をなしている多孔質の構造は、粘土にいくつか独自の特徴を与えている。粘土の表面積は、重量に比べて信じがたいほど大きい。一つまみ、一グラムの粉末粘土の表面積は、何と野球の内野と同じ広さがある。土壌を構成する他の成分である砂とシルトは粘土よりも大粒で、表面積は小さい。大きさと重さの違いを示す実例として、コップの水に砂と粘土を一粒落とすと、砂粒は一秒で一インチ（二・五センチメートル）ほど落ちるが、粘土の細粒は浮遊したままで、一インチ落ちるのに二〇〇年もかかるのだ。

外側にさらされている粘土表面の原子は静電気を帯びているので、反対の電荷を持つ原子や分子が引きつけられる。この相互作用によって粘土の特性は変わることがあり、周囲の媒質の化学特性を変えることもある。農業や園芸に携わる人たちは、土中の粘土が、プラスに帯電したカルシウムやマグネシウムなど重要な養分を捕らえて、雨や灌漑水による流失を防ぐことを知っている。十分な酸素を供給すると、ある種の粘土は窯の中で真っ赤になることを陶芸家は知っている。そのような粘土には化学的に活性な鉄原子が含まれ、それが酸素と結合して鮮やかな赤色を与えるのだ。我々の血液には鉄を含むヘモグロビンがあって、これも同じように酸素と結びつくと鮮紅色になる。

帯電した粘土の表面に引き寄せられて結合する分子にはアミノ酸やヌクレオチドなど、有機物質もたくさん含まれている。粘土が単純なタンパク質とか遺伝子の配列を決める鋳型の役目を果たすという説は、こうした事実にもとづいている。表面が帯電していることに加えて、粘土の結晶は隅や隙間の多い入り組んだ形をしているので、特定の形や大きさのアミノ酸やヌクレオチドの対を引き合わせたり正しい向きに並べたりして、合成を促進するだろうという。これは現在の細胞で、折り畳まれた巨大なタンパク質性の酵素が、巨大分子（高分子）の生合成を触媒する仕組みに似ている。

粘土が生命の起源においてこのような触媒の役割を果たしただろうという推測は、約半世紀前の一九五〇年代初期にイギリスの物理化学者ジョン・デズモンド・バナールが提唱した。一九七〇年代に行われた実験によって、モンモリロナイト（最初に掘り出されたフランスのモンモリヨンという町にちなむ）というよくある種類の粘土は、特別に調製されたアミノ酸の配列反応を触媒することが証明された。こうして作られたタンパク質に似た分子には、アミノ酸が六〇個ほどつながったものもあった。一九八〇年代になるとカリフォルニア州にある米国航空宇宙局（NASA）のエームズ研究センターのジェームズ・ローレスたちは、溶液中に微量の亜鉛や銅などある種の金属が存在すると、ヌクレオチドを色々な種類の粘土に結合させられることを発見した。そして一九九〇年代にJ・P・フェリスらは、モンモリロナイトを触媒としてヌクレオチドを結合させて長い鎖にすることができた。この実験のためにヌクレオチドに前処理を施す必要はあったけれども、しかしこの結果は、粘土が最初の簡単なRNA遺伝子の触媒になった可能性を支持するものであった。

化学エネルギーを貯蔵する能力は生命にとって重要な条件である。粘土の中にはこのような働きをもつものもある。モンモリロナイトを始めカオリナイトやイライトといった一般的な粘土は、ほとんどすべての生物の「エネルギー通貨」であるATPと反応する。こうした粘土は、エネルギー伝達に重要な意味を持つＡＴＰ分子のリン酸結合に影響を与えるのだ。サンノゼ州立大学のルリア・コインらは、カオリナイト自体がエネルギー（放射性物質から集めた）を貯蔵し、乾湿や気温の変動などの環境要因の影響を受けてそれを放出することを見いだしている。

グラスゴー大学の著名な化学者グレーアム・ケアンズ＝スミスは、粘土が生命の起源においてさらに重要な役割を果たしたと強く主張している。粘土が粗製の酵素触媒としての役割を果たしただけでなく、今日の遺伝子の前駆体でもあったというのだ。この説は、粘土表面の特殊な原子配列がその配列の鏡像複製を合成する鋳型となり、これはＤＮＡ鎖やＲＮＡ鎖のヌクレオチド配列が自分自身の複製の鋳型になることに似ているという事実にもとづいている。また粘土の結晶では、自己複製につれてその構造にしばしば不規則な部分（言うならば突然変異）が生じ、その不規則な部分が繰り返される（図１・２）。粘土の結晶は「非周期性」である。組織化された構造はもっているが、特殊な手織物ふうのパターンであり、工場で作られた壁紙のようなものではない。粘土のパターンに見られる不規則性は本物の遺伝子の突然変異のように「遺伝可能」であり、次の層あるいは割れ落ちた粘土結晶の破片へと伝達されて、新たな結晶の鋳型になる。

有名な量子物理学者アーウィン・シュレディンガーは、遺伝子の構造が発見される以前の一九四〇年代にその分子的特徴を推測して、遺伝子は独自の配列パターンにもとづいた複製可能な「情報」をもつことができるので、それは非周期性の結晶だろうと予測した。またそのような結晶では、表面の原子鎖の結合に時折置き換えが生じて進化が可能になることも指摘した。その数年後にフランシス・

クリックとジェームズ・ワトソンが明らかにした二重らせんDNAは非周期的結晶の一種であることがわかったが、粘土もそうなのだ。

今日の生物の中に見られる物質だけに限定して考えていては、生命の起源の謎を解き明かすことはできないというのも、ケアンズ＝スミスの主張の一部をなしている。それは「そろばんの珠を探し求

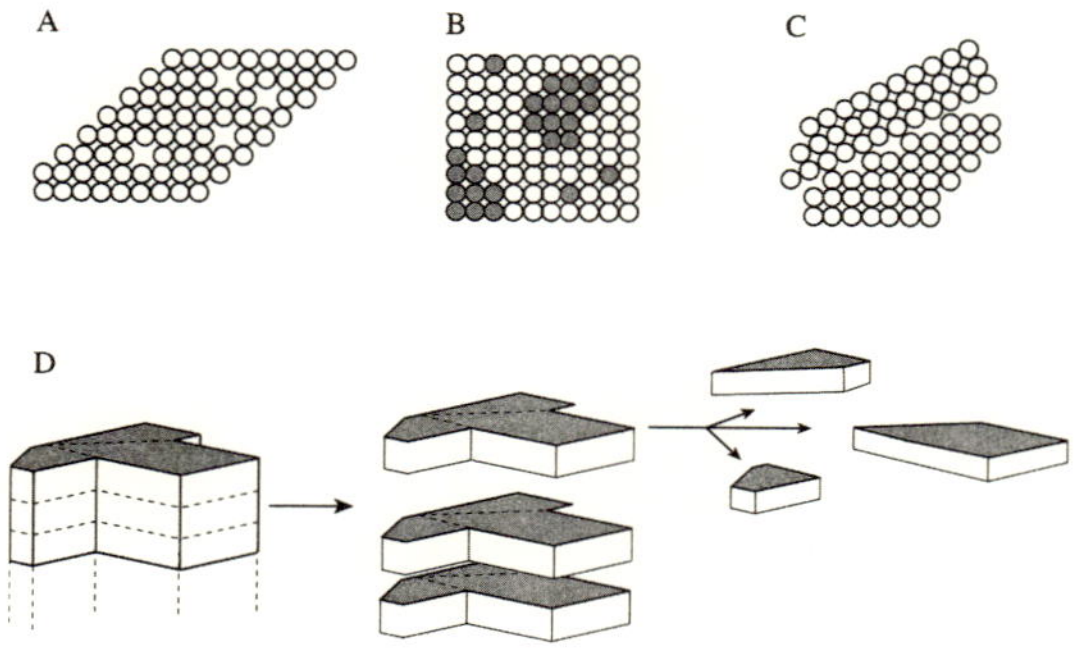

図１・２　普通の粘土の格子欠陥には、（A）格子内での分子成分の欠損、（B）個別成分の置換、そして（C）格子の一部分ずつの間の置き違いがある。こうした欠損は遺伝子の突然変異と類似であり、粘土の結晶の断片とか層が離れて、（D）自分と同じものの鏡像を複製するときの鋳型となって、「次の世代」に伝わってゆくことができる。図解はTamara Clarkにより、George Kelvin (*Scientific American*, 1985) から採る。

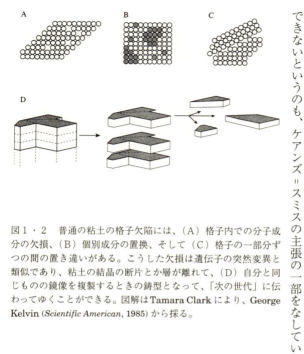

めて電卓の中をむなしく探し回るようなものだ」と彼は警句を発している。最初の生命は極めて「ローテク」で、今日の細胞と異なる材料で作られていただろう。進化は、極めて単純で容易な道に沿って始まったのだろう。粘土は自然に自己集合し（地質学的また水理学的な力を借りて）、自己複製を行い、初期の地球に大量に存在していたと思われるので、遺伝子の前駆物質になりやすかっただろうと彼は論じている。

「粘土の遺伝子」という考えは、ケアンズ＝スミスが最初に発表した一九六〇代当初にはいささか突飛な考えと受け取られた。それはいまだに議論を呼んでいるが、支持する実験データも少しずつ現われている。もっとも核心をなす研究は、粘土結晶で始まった遺伝子が、どのようにして核酸にもとづいた今日の遺伝子に進化したかという点に焦点を合わせてきた。自然界の粘土の構造に時折アミノ酸や核酸が取り込まれていることは、かねてから知られていた。これは粘土から有機的な遺伝子へと進化する混成段階に当たるのだと論ずる人もある。そのような状況証拠に加えて、ある種の粘土の結晶化が特殊なアミノ酸の存在によって促進されるとか、そのアミノ酸の存在を必要とするとかの発見もある。アミノ酸や他の有機分子は粘土形成に及ぼす影響の他に、粘土の結晶のある面の成長を阻害して結晶の形やサイズに大きな影響を与えることもある。

進化のなかで、有機分子を含んでいるそのような粘土の存続、競争、自己複製が有利となるシナリオを想像してみることができる。たとえばある結晶では、その構造に含まれた有機分子によって粘土の形に「欠損」が生ずるが、そのおかげで結晶が岩の隙間にうまくへばり付いて押し流されずに済んだり、自分の複製に必要な必須の化合物（養分）に常に浸されている面に付着したままでいられるかもしれない。また他の粘土は、有機成分が結晶の周囲とかプレート間の接合にもたらす影響によって、他のものに比べて早く成長できるかもしれない。さらにまた、自分自身の選択に役立つ有機分子を作り出す能力を進化させた粘土も、あったのかもしれない。

「遺伝的乗っ取り」説（まだ証明されていないが）の話は、ＲＮＡのような簡単な単鎖のヌクレオチドが粘土の結晶に埋め込まれて、それが何かの方法で粘土の複製を促進させるというところから始まる。初期の段階ではこの粗製ＲＮＡはごく小さな追加的な役目を演じていたにすぎないが、複製を何百万回も繰り返すにつれて、ＲＮＡは次第に洗練されてくる。ＲＮＡのような複雑な有機巨大分子は粘土の結晶よりも多くの情報を蓄えて、仕事をよりいっそう精妙に、選択的に統制できるから、粘土の複製と触媒作用の統御のなかでそれが次第に優位を占めるようになる。最後にはＲＮＡが完全に「遺伝的乗っ取り」を完遂して、基質だった粘土は大きさも重要性も減じ、ついに完全に姿を消してしまう。自分の利益のために核酸を取り込んだ粘土結晶は、結局自分の破滅の種を蒔いたことになったのだ。

「粘土遺伝子」説は、地球上での生命形成に向けた発展が、ある意味で橋を架けるやり方を思わせるということを示唆している。私は技術者ではないので、家の近くにある小さな鉄橋を渡るたびに感心してしまう。このような構造を完成させるとき、最初には鋼鉄の橋桁が宙に浮いた物理的に不可能な段階が必要だったかのように見える。しかし実際には、最初の段階では特殊な足場構造が組まれて作業者や機材を支えていたのだ。橋が完成して必要がなくなってから、足場は取り除かれたのだ。進化と同じように建築作業でも、足し算のみならず引き算が常に関係するというのがここで得られる教訓である。ケアンズ＝スミス説は、粘土結晶が最初の真の遺伝子の進化における足場だったと主張しているわけだ。

この数十年来、科学者は粘土以外にも「生命類似の」特性をもつ無機の土壌物質がないか、研究を進めている。ドイツの化学者ギュンター・ヴェヒテルスホイザーは、通称を「愚者の黄金」ともいう黄鉄鉱が関係する極めて包括的な説を唱え、これは多くの信奉者を集めている。黄鉄鉱は第一鉄（還元状態の鉄）と硫化水素からも合成できる簡単な結晶鉱物である。第一鉄と硫化水素は多くの土壌に大量に含まれており、深海の熱水噴出口の傍でも見られる。黄鉄鉱の合成は多くの条件のもとで熱力学的に進みやすい反応、つまりエネルギーを吸収するのでなく放出する反応なのだ。放出されたエネルギーは有機分子の合成に用いることができる。そしてその有機分子が、非常に活性が高い黄鉄鉱の結晶表面に結合する。またそれと違う考えでは、このエネルギーは周囲にある一酸化炭素または二酸化炭素から炭素を吸収するために用いることもできるだろう。これは今日光合成生物が行っている炭素の「固定」に似ている。黄鉄鉱の表面は、その他多くの粘土に比べてヌクレオチドを結合しやすい。黄鉄鉱の優れた力を実証する実験データが得られれば、この「愚者の黄金」は本物の金よりも価値があることがわかるかもしれない。これがなければ、貴金属に対する人間の欲望どころか、そもそも地球上に生命が現れなかったかもしれないのだから。

生命の起源に関しては詳細が依然としてはっきりせず、理論には議論の余地が多く残されている。しかし生命が始まった場所に関する限りでは、正解に近づいてきたのではあるまいか。分子生物学と遺伝学での近年の知見は、概して物理化学や土壌化学の最近の研究を裏付けているようだ。つまり生命は地下の奥深くとか、あるいは深海の熱水噴出口付近の堆積物の中など、極端な環境のもとで生じたらしいというのだ。科学者は新しい技術によって、我々の遺伝的ルーツをごく初期の祖先までたどれるようになった。いま生きている生物のRNAのヌクレオチド配列を正確に調べると、何と何が親戚関係にあるかということばかりでなく、進化の系統樹で最も古い根のところにある生物は何かということも、知ることができる。その結果から、今日の地球で最も住みにくそうな地下の環境で生きている多種多様の珍しい微生物が、最も原始的な祖先生物を代表して今日まで生きているものであることが明らかになった。「極限環境生物」と呼ばれるこれらの驚異的な生物の話は次章で取り上げる。いまここで言っておきたい要点は、こうした生物が我々の最も深い遺伝的な根元を代表しているのだから、今日こうした変わった微生物が見いだされるのに似た地下の棲み場所を、生命発祥の場所と推定するのも理屈に合っているだろうということだ。

第2章　住める世界

天国は我々の頭上ばかりでなく、足許《もと》にもある。
ヘンリー・デーヴィッド・ソロー『ウォールデン』（一八五四）

人間の心の進化とともに、ある時点で我々は地球以外に生命があるのではないかと考えるようになった。ことによるとそれは何千年も昔、星がまたたく夜のことで、洞窟から出てきた太古のホモ・サピエンスが空を見上げたときに、存在に関するあの疑問を抱いたのかもしれない――我々は独りぼっちなのだろうか。それ以来ずっと、我々はこの疑問に取り憑かれてきた。地球外の生物を探し求める重要な手がかりがこの地球に、しかも我々の足許の「深く熱い生物圏」に存在する可能性は、ほんの何年か前まで誰も思いつかなかった。

地球における生命の起源を探し求める我々は、最近一連の魅力的な発見をした。地中何千フィートという深さで酸素も光もない高温高圧の場所に繁栄する微生物の社会があったのだ。こうした「極限環境微生物」は、水分は岩や粘土から入手できるとしても、そこには我々が必須と考えるその他のものはほとんど何もない。多くの微生物は何億年間もずっと太陽光から遮断されたまま、それでも埋蔵石油や他の有機炭素資源でなんとか生計を立てている。二酸化炭素から直接炭素を集めて、生きるエネルギーを太陽とか古代に埋没された植物を消費して得るのでなく、水素ガスとか、岩石質の基質のうちに見いだされる無機化学物質から得たエネルギーを利用している生物もいる。こうした驚異的な生物が暗黒の王国の「一次生産者」であり、地上の植物や光合成生物のように、食物連鎖の底辺として生態系全体を支えている。こうした地下の社会が明らかに独立したものであることは、地表その他の場所における生命に関する考えを根底から一変させた。それは、あらゆる生命が最終的には太陽エネルギーに依存するという我々が高校で学んできた教えと矛盾していた。今では「暗黒の食物連鎖」の根底で不思議な代謝を行う微生物こそ、地球最初の生命形態の直系の子孫かもしれないと考える科学者もいる。

宇宙にある固形の惑星体の多くは、地球のものによく似た地下環境をもつ可能性が高いだろうと、天文学者や地質学者は考えている。こうした惑星の地下環境のうちには、その内部温度や圧力が液体状の水を保つに足りるものもあるかもしれない。地球では地下深く極端な状態のもとで生息できる生物がいるのだから、火星の奥深いところにも、あるいは木星の惑星エウロパに生物がいても、良いではないか。そしてもし地中で生命が始まったのだとしたら、太陽系あるいは広い宇宙環境に数多くある似た場所のどこかでも、生命は生じたと考えられないだろうか。太陽エネルギーを利用する生命だけが存続できるという我々の近視眼的な見方のもとでは、太陽に似た星の周りの「居住可能な地域」は地球の軌道の約一・五倍の距離まで、つまり表面の条件が地球に似ている場所だけと考えられていた。地球でも宇宙全体でも、住める地帯の範囲は明らかに過小評価されていたようだ。

地中を探る者にとってもっとも関心のある生息地域は、ある意味では遠い惑星と同じほど離れた場所である。その場所を実際に訪れることはできないので、巧妙な掘削機械や標本採取機器で掘り出した土や岩のかけらを研究室で調べることで満足するしかなかった。

しかし近年ある小編成の科学者チームは、入坑可能なもっとも深い発掘現場である南アフリカのイースト・ドリーフォンタイン金鉱に挑戦して、彼らの夢を実現することができた。この金鉱では何本かの縦坑と横坑が地中三キロメートルの深さに走っている。建設に数十年を要し、技術面でもあらゆる基準において驚異的な金鉱である。典型的な生産体制では五、〇〇〇人以上の抗夫が地下に潜り、新たなトンネルを掘り、支持構造物を作り、金を含む鉱石の発掘を行っている。

一九九八年の秋にプリンストン大学の地質学者タリス・オンストットと慎重に選抜された微生物学者たちは、地下の世界で抗夫とともに数週間を過ごした。第一日目に研究者たちは最近発掘が行われた最も深い場所、つまり地表の微生物による汚染が最小限と思われる場所に直行することに決めた。そこにたどり着くにはゾッとするような不安定な篭エレベータを乗り継がなければならなかった。降りてゆくうちに、彼らは気圧と気温の高まりを感じることができた。地中を湧きあがるマグマと放射能の熱を自ら体験できる深さなのだ。

地底の施設に着くころには皆汗みずくで、ひっきりなしに水のボトルに手を伸ばしていた。地下三キロメートルというこの深さでは、岩の表面は蒸し風呂さながらの六〇℃の温度だ。高温多湿のひど

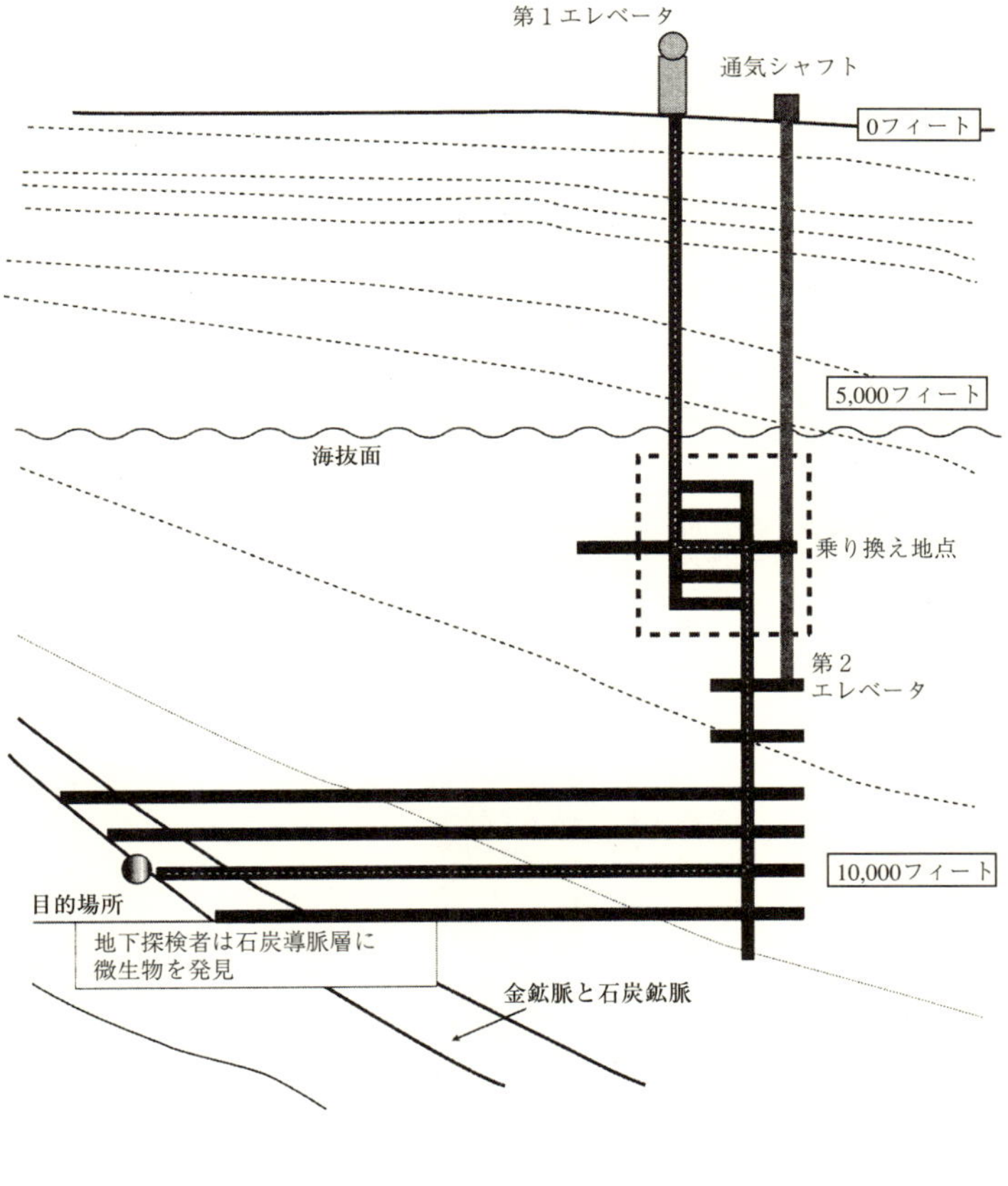

図２・１　南アフリカのイースト・ドリーフォンタイン金鉱。土壌生物学者はここを探検して、２マイル（約3200メートル）の深さの蒸気にさらされた岩石のうちに、たくさんの微生物を見つけた。図解は Tamara Clark により、Nenad Jakesevic (*Discover* 誌 1999) から採る。

い条件にもかかわらず、あたりは活気に満ちていた。ドリル、高圧ホース、通気パイプを通る空気の騒音の中で研究者たちは怒鳴り合わなければ話が聞こえなかった。埃が舞い上る闇の中を抗夫のヘッドランプの光線が右左に飛び交い、辺りには火薬の匂いが漂っていた。騒音、身体の不快感、そして実際にある落盤の危険などものともせず、研究者たちはめまいを感ずるほどの興奮を味わっていた。

ガイドは彼らを連れて横坑をかなりの距離歩いて行った。目指すのは金鉱のトンネル内で発掘され露出したばかりの新しい面に埋まっている曲がりくねった黒い鉱脈で、指ほどの幅しか露出していない部分もあった。「炭素鉱脈」と呼ばれるこの部分は大昔の鉱脈で、この深さに微生物がいるとすれば、それは栄養源が豊富に含まれる可能性があるこの部分だろうと研究者は考えていたのだ。

彼らはすぐ仕事に取りかかった。滅菌したハンマーやのみを使って、もろい岩の小片を取り、それを滅菌したポリ袋に入れる。試料を入れる袋がどれもいっぱいになってしまうと、彼らは辺りを探り回った。翌日には帰る予定になっていたが、月面歩行に降り立った宇宙飛行士のように現場を去り難かった。しかし体力の消耗を感じ始めた彼らはエレベータに戻り、耳がキーンと鳴るような体験をしながら地表へ向かった。

彼らが持ち帰った試料の分析が完了するには数か月もかかった。期待をはるかに上回って、一グラムあたり一〇万～一〇〇万匹の微生物集団を含む試料もあった。微生物の多くは変わった代謝を行っていた。たとえばあるものは、呼吸の過程で酸素の代わりに酸化鉄（サビ）を「吸い込んで」いた。廃棄する副産物としてメタン（天然ガス）を吐き出して、いっしょに棲んでいる別の微生物のうちには、それをエネルギー源にしているものもあった。こうした生物の中に、鉄の他にコバルトやウラニウムのような金属を生物的な過程で利用できるものがいる点は、とりわけ興味を惹いた。これら微生物が棲んでいる炭素が豊富な層には、最高濃度の金も含まれるという事実から、微生物が活動した結果金が溜まったのではないかとも推測されている。これは科学者たちにとって良いニュースだった。地下を再度訪れるのが正当化されるからである。

この地球で発見されたすべての極限環境微生物がそのような変わった場所に生息するわけではない。普通の土壌や水塊に住み、必要なときだけ極限状態に対する特殊な耐性に頼っている微生物もいる。一八八八年に最初の好熱細菌が発見されたとき、この細菌はその他多くのありふれた微生物と共にセーヌ川を漂っていた。七三℃という温度で生育できる驚くべき能力は、研究室で初めて明らかになったのだ。

地球の奥深くに極限環境微生物が生息する可能性は一九二六年にシカゴ大学の地質学者エドソン・バスティンと微生物学者フランク・グリーアが油層から抽出した地下水試料に細菌活性の証拠を得たときに認められた。この方向に沿ってさらに集中的な研究が行われ、一九四〇年から五〇年代にはスクリップス研究所のクロード・ゾベルが、シェル石油会社と共同研究した。彼は深さ三、七〇〇メートル（一二、〇〇〇フィート）の石油と硫黄の層から細菌を分離した。この深度では圧力は地表の四〇〇倍で、温度は沸点をわずかに下回る華氏二〇〇度（九三℃）だった。

これと同じころ、ロシアの研究者も石油探査のさいに非常に深いところで高温を好む細菌を発見したことを報告している。残念なことにこうした初期の研究には疑わしいものも多かったので、ほとんど無視されていた。試料を採取するとき、地表近くの細菌で汚染されないように十分な注意が払われていなかったのだ。研究室に持ち帰って沸点以上の高温でも生存できる細菌を観察したとゾベルは主張したのだが、彼の手法では汚染の疑いも生じた。疑いの有無はどうであれ、当時の大部分の研究者にとっては、壊れやすい膜や複雑な生物分子をもつ生きた細胞が華氏約一六〇度以上（七一℃）の高温に耐えられるという可能性そのものを受け入れる用意ができていなかった。

一つの転機となったのは、一九六五年にイエローストーン国立公園で熱湯が湧き出す間欠泉に繁殖する細菌が発見された時だった。後にテルムス・アクアティクスと呼ばれることになったこの細菌は生きたまま採取され、高温下で育つことが研究室でしっかり実証されたので、この場合には疑いの余地がなかった。この微生物の商業価値が見つかるまで、それほど時間はかからなかった。高温でも安定して働くこの生物の酵素の一つは、ポリメラーゼ連鎖反応（PCR）の高温処理のところで役に立つことが実証されたのだ。今日この反応は全世界の生化学研究室で用いられている。テルムス・アクアティクスの発見はノーベル賞をもたらし、この酵素を売るスイスの製薬会社は毎年何億ドルもの利益を得ている。

この好熱細菌の発見によって、生命の高温限界を新たに設定し直さざるを得なくなった。新しいマジックナンバーは水の沸点である一〇〇℃になった。我々が知っている生命は、生化学反応の溶媒として液体状態の水を必要とするので、これでまず間違いなく上限が設定されたはずだった。ところが科学界にとって衝撃的なことに、この限界さえ程なくして破られてしまった。

陸上で、つまり大地の奥深くに極限環境微生物を探し求める研究は一九八〇年代前半まで本格的に始まらなかった。埋めてしまった有害廃棄物質を浄化する「バイオレメディエーション」の助けになる微生物を探し求めることが、研究初期の動機だった。土地の表面に生きている微生物のうちに、有害物質を無毒化できるものが含まれていることはわかっていたのだが、そのような微生物が飲用水の地下水が溜まっている深さでも活動できるか否かは不明だった。まだ誰も調べたことがなかったのだ。

これに取り組んだのが合衆国環境保護局（ＥＰＡ）のジェームズ・マクナブとジョン・ウィルソンなど、そして学者や企業の研究者だった。彼らの最初の挑戦は、初期の研究者を悩ませた試料汚染の問題を克服することだった。外部の空気や泥を芯のサンプルに入れないようにしながら土や岩に穴を開ける特殊なボーリング装置が設計された。さらに地表に届いた試料を扱う際には、病院の治療室よりも厳格な滅菌手順が用いられることとなった。

プログラムの効果はたちどころに現れた。種々の微生物が大量に発見され、そこにはバイオレメディエーションに役立つものも含まれていた。そして年を追って、有害地域の管理に関する重要な情報も得られるようになった。たとえば通気とか施肥によって、解毒用の微生物の活動が促進されることも明らかになった。

奇妙な好みをもつ微生物がかなりの深さに大量に生きていることが一九八〇年代に明らかになる

と、合衆国エネルギー省（ＤＯＥ）が関心を示すようになった。ＤＯＥ自身も片づけなければならない問題を抱えていたからだ。それは冷戦時代に生じて地下に埋めてしまった核廃棄物で、その多くはＥＰＡが調査を行った地下水の貯留層よりも深くに埋められていた。ＤＯＥの研究者は自分たち自身の努力で、環境の災害をなんとか避けたいものと望んでいたのだ。ＤＯＥの地質学者で管理者でもあったフランク・ウォブラーも、汚染管理の研究が地下生物の基礎研究を拡大する機会になると考えた。そして長期間に及ぶ地下科学計画を発足させられるだけの財源をＤＯＥから得ることができた。この計画は今まで達したことのない深さを目指していた。そしてバイオレメディエーションの他にも、さらに大きな目標があった。地下深くにひそむ生命形態を探り出し、その活動を調べることだった。彼らは専門知識や設備を進んで提供してくれる科学者を大学、政府機関、施設関連の研究所からすぐに集めることができた。

この場合にも、適切な方法の開発が最優先課題だった。ＤＯＥは地下一、〇〇〇メートルを超えるようなところからきれいな試料を採取できるように、ボーリング技術に改良を加えた。一九八七年にサウス・カロライナ州の核物質施設の近くで行った初期の研究では、地下一、五〇〇フィート（約五〇〇メートル）の日光も酸素もない高温の岩の中で繁殖する珍しい微生物を発見した。それ以来、他所で行われたいくつかの計画でも地表から約三キロメートルの深さ、華氏一六〇度（七一℃）以上の場所で生物が発見されている。全体としてＤＯＥのプログラムは、埋められた核廃棄物の管理に関する重要な情報ばかりでなく、地下生物学の分野にも大きな進展をもたらした。

今日では地球のどこに穴を開けても、地下の生物相や珍しい生命形態をたくさん見つけられるようになった。細菌や古細菌などの単細胞生物が支配的ではあるが、比較的浅いところには原生動物や菌類など、より高等な生命形態の存在が報告されている。今では地下深くにある生物相の全生物量が地表に生きている生物の全量を上回る可能性があると考える科学者もいるほどだ。

私は自宅に近いエリス・ホローの森に繁るオーク、カエデ、ブナの巨木の間をのんびり散策することがあるが、自分の足許の土や岩の小さな小さな間隙に、もっと多くの生物が生息しているという可能性は、すぐには受け入れにくいものだ。そのような概念を理解するためには、太陽で温められている表面の生物が生息できる場所は、芯の熱で温められている地下の可住領域に比べて、リンゴの皮のように薄い層に限られていることをまずもって理解しなければならない。

コーネル大学で植物学を研究するトマス・ゴールドは何年か前にこのことを計算して、米国学士院の機関誌に結果を発表した。彼は地下で生物が生きられる限界を深さ約五キロメートルと推定した。この深さは、生命の最高温度の限界として推定された控えめな値、そして地殻を掘り進むと一キロメートル当たり約二五℃の割合で温度が高くなるという知識にもとづいていた。その上で、この層の土と岩の全間隙のわずか一パーセントだけに生物が生きていると推測したのだ。これをもとにして、彼は地下の生物量を二〇〇兆トンと算出した。この推測値は、我々が推定する地表の全動植物量よりも確かに大きい。もしもこの生物量を地表に広げたら、厚さ一・五メートルの生物の層が作り出されることになる。

地下の研究はまだ始まったばかりとも言えるので、あえてゴールドのような挑戦を試みる研究者は少ない。くり抜いてきた試料から採取した微生物には実験室でうまく育たないものも多いことが、地下の生物量を推定するとき一つの問題点になる。地表への移動のさいに死んでしまったり、培養方法がわからないことが主な原因と考えられているが、最初から死んでいた可能性もある。むしろ多くの研究者は、さらに多くの穴を開けて試料が得られ、取り扱いの技術も改良されるのを待ってから、地下の生命量を見積もる方を選んでいる。不確かな点はまだ多いが、「深くて熱い生物相」とゴールドが最初に呼んだ世界が、ほんの二〇年前にはまだ知られていなかったという点では、多くの人々の意見は確かに一致している。


いま多くの土壌微生物学者は、この極限の世界で極限環境微生物を生存させている分子レベルの機構に注目している。この研究はバイオテクノロジーの応用面を広げるほかに、進化や生命の起源の知識を深めるのにも欠かせない。高温を好む極限環境微生物は、たいていの生物が煮えてしまうような温度でどうやって繁殖するのかというのも、根本的な問題の一つだ。

生命の高温限界はまだわかっていない。これまで出された数字が何度も間違ってしまったので、あえて推測しようとする研究者は少ないのだ。強いて言えといわれれば、新たな理論値として華氏三〇〇度（一四九℃）という人もいるかもしれない。しかし自然界にどれだけの術策――進化的な適応機構

——が隠されているのか、誰にも確かなところはわからない。今日多くの人々が信じるように、生命が熱い地下の環境で生じたのだとしたら、涼しい気候に適応したのは我々であってその逆でないことを念頭におくことも大切であろう。

今のところ高温記録保持者は、すべて古細菌の仲間の微生物である。その一つであるピロロブス・フマリイでは、成長に最適の温度は華氏二二三度（一〇六℃）で、二三五度（一一三℃）でも成長を続け、二五〇度（一二一℃）では一時間の加圧滅菌に耐えるとも報告されている。この生物は沸点以下に温度が下がると、すぐに成長が鈍り、約一九五度（九一℃）以下になると「凍死」し始める。この微生物から見れば、最適の成長温度が華氏一七五度（八〇℃）あたりにある極限環境細菌など弱虫にすぎない。古細菌には沸点を上回る高温で生育できるものがあるのに対して、細菌ではそのようなものは発見されていない。

集団として見た古細菌は、分子レベルで細菌その他の生物とかなり違いがある（その詳細は第三章で取り上げる）。重要な生物分子の構造に意外に簡単な手直しがあるだけで、温度に対する感受性に著しい変化が生ずるようである。たとえば膜を構成する脂質分子の飽和度（炭素原子間の一重結合の数と比べた二重結合の数）が変わるだけで、細胞膜の融点は変えられる。これは、飽和脂肪酸の含有割合が異なるマーガリンで溶けたり固まったりする温度が違うのと同じ現象である。

タンパク質酵素の三次元構造で、長く鎖状につながるアミノ酸を一か所置き換えただけで耐熱性を持たせることができる場合がある。置き換えによって、分子がコイル状になる巻かれ方に変化が生じて、鎖同士が接近する部分に余分な化学結合が作り出されるからだろうという推測もある。高温になると分子は活発になり引き離されやすくなるのだが、鎖の間で結合数が増えれば、タンパク質は高温でもそれだけ安定する。耐熱性生物のＤＮＡのうちには、耐熱性でない類縁種に比べてＤＮＡの巻き方が多いものもある。余分なねじれによってより多くの結合が作り出されて、熱安定性が増すのかもしれない。

気体酸素のない環境で「息をする」、つまり呼吸する能力は、地下に住むほとんどの極限環境微生物にとって必須である。彼らの住処には酸素がほとんどないからである。酸素なしで生きることができる「嫌気性」微生物のことは昔から知られている。一九世紀半ばにはルイ・パストゥールが初めてそれを観察している。極限環境微生物の生理の中でも、これは我々がかなりよく理解できる分野の一つだ。貴重な酸素がなければ数分間しか生きられない絶対的な好気性生物である我々は、酸素のない環境に適応した嫌気性微生物を見て驚嘆する。しかしこの場合にも、おそらく適応したのは我々であり、彼らではなかったことを念頭に置くべきだろう。進化によって光合成が「発明」される以前の地球初期の大気は、ほとんど酸素を含んでいなかった。そして地球上で初めて暮らすようになった生物は、ほとんどすべてが好熱性で嫌気性の生物だった。

約二八億年前に光合成生物の増殖が始まり、大気中の酸素が急増した。酸素は光合成の副産物として発生してきたのだ。嫌気性生物は酸素を必要としないばかりか、酸化に対抗する天然の物質を作ることができないので（人間をはじめ他の好気性生物は作ることができる）、酸素は高い毒性のある破壊的な物質となる場合が多い。それゆえ、酸素濃度が上昇するにつれて地表の嫌気性生物は変化に適応するか、あるいは逃げ出す方法を見つけなければならなかった。今日生き残っている絶対嫌気性の生物は、地表から遠く、酸素の乏しい土中や水中、また人間や他の動物の消化管などに住みついている。

嫌気性生物の観点からすると、光合成の副産物として生じた酸素は生物によって生産された最初の「汚染物質」の一つだった。より客観的に言うと、生命の営みが自らの環境に影響を与え、地球規模で進化のパターンにも影響を与えた典型的な一例なのだ。

酸素を好むものも嫌うものも、事実上すべての生物は呼吸をすることはできる。この過程で解放されるエネルギーは生きるための仕事、たとえば成長や生命維持に必要な複雑な生物分子の合成、獲物の攻撃などに用いられる。酸素――嫌気性生物の場合にはその代用品――のはたらきは、糖のような高エネルギー（高カロリー）の燃料分子を酸化すること、つまり燃焼させることにある。呼吸は、車のエンジン内部で燃料分子であるガソリンが酸化され、そこから放出されたエネルギーがピストンを動かすのと似たところもある。

生物の呼吸は、糖などの燃料分子から高エネルギーの電子がはぎ取られるところから始まる。はぎ取られた電子は最終的に、特殊な分子からなる電子伝達の連鎖によって運ばれてゆく。この伝達系はほとんどの生細胞に存在することが知られている。念入りに制御されたこの行程の各段階では、電子が高エネルギー状態から低エネルギー状態に流れ落ちるに従っていくらかずつエネルギーが放出される。生物は途中で放出されるこのエネルギーを捕獲し貯蔵して（通常はアデノシン三リン酸［ATP］の形で）、後にそれを生命活動に用いる。この過程を動かし続けるには、滝の一番下流に酸素あるいはその他の強力な電子受容体が存在していなければならない。

地上数フィートの高さから一連のバケツを経て水を下に流す様子を思い浮かべてみると役に立つだろう（図2・2）。一番上のバケツと下にある受けのバケツの距離が水が落下する全距離、つまりこのシステムが行う仕事量を当然決定することになる。このモデルによると、上のバケツを傾ける前の初期の状態は、もとの燃料分子の電子が持つ高い利用可能なエネルギーを表している。バケツを傾けて水を流し落とすと、流水のエネルギーは仕事をすることができる（たとえば小さな水車を回して発電機を動かす）。滝の一番下にある受けのバケツは酸素、あるいは呼吸における他の最終電子受容体を表す。頂上のバケツと一番下のバケツの距離が短かければ、上下の距離が長い場合に比べて水の流れる距離は短く、得られるエネルギーも少ない。

あらゆる分子のうちでも、我々が呼吸に使う酸素分子（O_2）はエネルギーのカスケードでかなり低いところに位置するから、呼吸の最終電子受容体として理想的である。酸素原子の外殻電子軌道は部分的にしか満たされていないので、他の電子を強く引き寄せる傾向がある。他の受容体を使う場合に比べて、酸素は電子伝達鎖のエネルギーのカスケードをより大きく「落下」させるので、解放されるエネルギーが大きい。

しかし十分な酸素が利用できるようになるより以前の時代に現れた嫌気性の生物は、受容体として

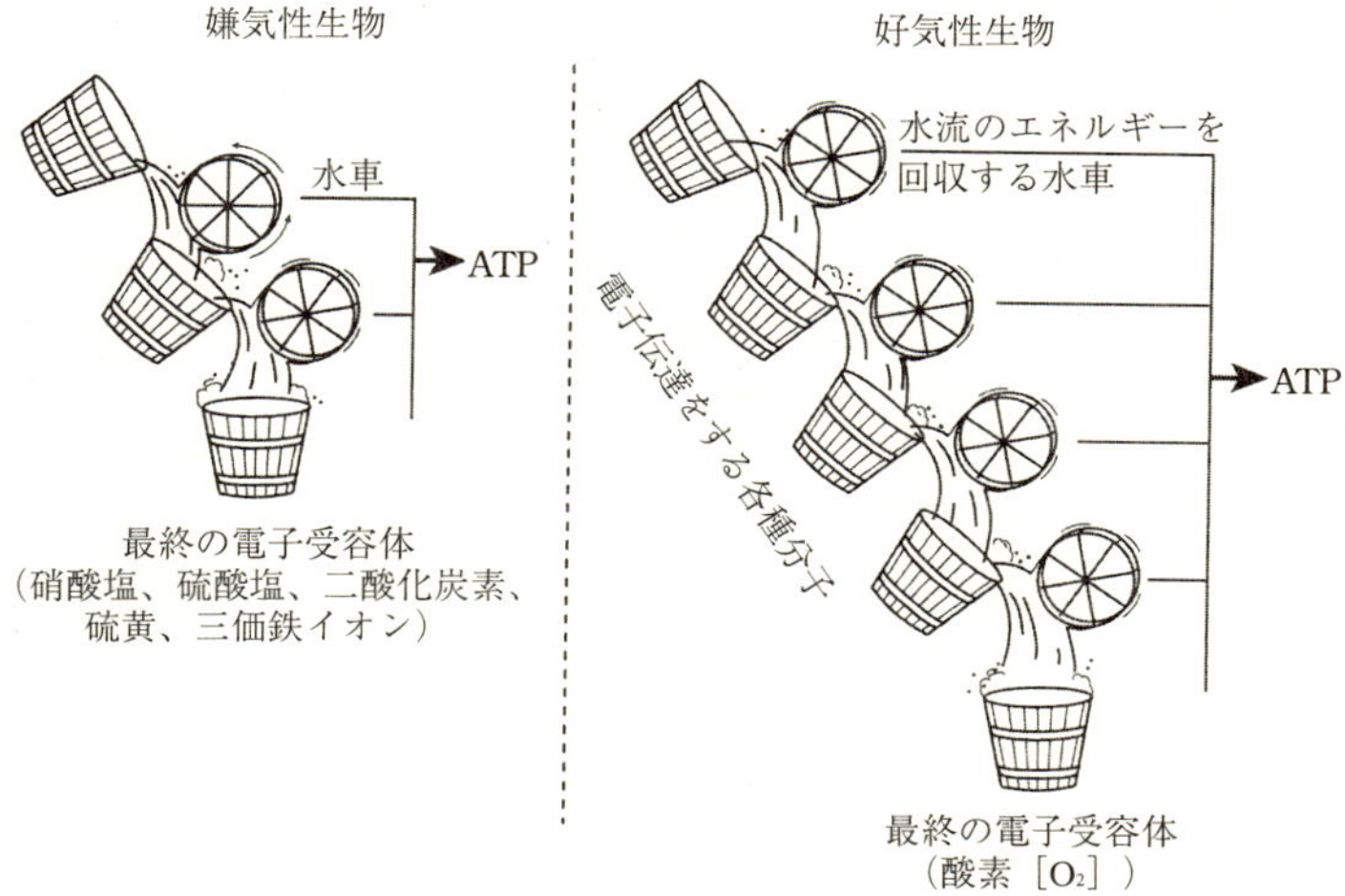

図２・２　いちばん上のバケツから下まで水が流れるときに解放されるエネルギーを、カスケード（連続の滝）が捕らえる。この過程は、呼吸のさいのエネルギーのカスケードに似ている。すべての生物は呼吸によって、高エネルギーの糖などの分子から解放されるエネルギーを捕らえ、これをアデノシン三リン酸（ＡＴＰ）という形で貯蔵する。ＡＴＰは後に、生命にとって不可欠の生化学反応を推進するのに使われる。人間その他の好気性の生物は、酸素を最終の電子受容体として使うが、これに対して嫌気性の生物は、それとは別の各種の受容体分子を使っている。酸素はエネルギーの準位が非常に低いから、好気性の生物は通常、糖分子あたりで嫌気性の生物の場合よりも多くのエネルギーを得ることができる。

他のオプションを使っている。たとえば第二鉄（電子を一個余分に失った鉄）は、鉄還元細菌というぴったりの名前をもつ細菌の最終電子受容体になっている。酸素分子そのものの代りに硝酸、硫酸、あるいは二酸化炭素など、酸素を含んでいる分子を用いる嫌気性の生物もある。気体酸素（O_2）の供給がなくても、生きてゆくことはできるのだ。しかし嫌気性生物の呼吸経路が放出する全エネルギー量は、好気性生物の場合に比べて少ない（図2・2）。それゆえ嫌気性生物の方が代謝の速度が遅く、成長も遅いことが多い。

極限環境微生物は不毛で岩だらけの住処で栄養分を探し出せる点でも驚くべき存在だ。すべての生命形態は基本的に炭素とエネルギーを必要とする。我々は、食物として摂取する動植物の糖類、脂肪類、その他有機化合物からこうした基本的なものを取り込んでいる。極限環境微生物のうちにも、ある意味では死んだ植物を摂取して生きているものがある。彼らは石油、石炭、その他の炭化水素の形で地下に埋まった植物を栄養源にしているのだ。

しかし、植物の光合成産物以外の起源をもつ有機炭素源が存在することも明らかになっている。大昔に地球形成の初期のころ衝突した隕石の多くは、炭素質コンドライトという種類のものだった。こうしたものには有機化合物の形の炭素（炭素原子と水素原子の両方を含む分子）の他に窒素、そして時には水の痕跡も認められる。今日ではこのような隕石が地球に衝突するという事件は稀だが、最近では一九六九年九月二八日にオーストラリアのマーチソンという町で起きている。マーチソン隕石を分析したところ、有機炭素ばかりではなく数種類のアミノ酸が含まれることも明らかになった。マーチソン隕石のような炭素質コンドライトは、今日でもある種の極限環境微生物の栄養源になるが、三五億年前の地下生命の起源でも重要な役割を果たしえたかもしれない。

極限環境微生物の中でも驚異的なのは無機栄養生物と呼ばれる岩を食べる微生物である。この生物はある意味で光合成に似た過程を通して二酸化炭素から炭素を入手している。しかし植物の場合とは異なり、無機栄養生物は暗黒に住むので、炭素を取り込む（そして他の生命機能の）エネルギーとして太陽エネルギーに代わるものを見つけなければならない。この生物が周囲の岩の無機鉱物の原子、あるいは周囲の水素ガスの水素原子から電子を奪い取ってエネルギーを得ることが発見されたのはごく最近のことだった。これは独特の驚くべき能力で、無機栄養生物はこうした能力のおかげで日光と有機栄養源と地表の生活に少しも頼らずに生活できる。

地下の無機栄養微生物生態系（省略してSLiME［スライム］と呼ばれる）のうちでも一九九〇年に合衆国北西部のコロンビア川流域で発見されたものの研究が最も進んでいる。この奇妙な微生物集団は、地下数千フィートの深さにある結晶性の玄武岩帯水層に埋め込まれている。暗黒の食物連鎖の底辺にいる嫌気性の無機栄養生物は、炭素を二酸化炭素ガスから入手する。また、間隙中の昔の水が岩の中の鉄＝珪素化合物と反応したときに生じる水素ガスを燃料にすることが研究によって示唆されている。メタン生成微生物と呼ばれるこの生物は我々が呼吸の副産物として二酸化炭素を放出するように、代謝副産物としてメタン（天然ガス）を生産する。

コロンビア川の「スライム」の発見にはグローバルな意味がある。それは地球の大陸の地殻は大部分が同じような玄武岩からなっているからである。もしも玄武岩と水から水素が生ずる反応によって、ある微生物集団を全部維持するエネルギーが供給できることが実証されれば、地下の生態系には「土地エネルギー」源（太陽エネルギーに代わるもの）が広範囲に存在することになるわけだ。仮にこの生態系が地表から流れ込んだ栄養分に依存しているとしても、このように一般的な地下の岩石の中に生物が生息するという事実は、地下の生物量が間違いなく大きいという考えを裏付けている。


風変わりな代謝をする地下微生物が発見されたことから、NASAは将来の宇宙計画を完全に見直さざるを得なくなった。火星の地下にも玄武岩、液体の水、そして炭酸（溶解した二酸化炭素ガス）が存在すると考えられているので、無機栄養生物の生態系は、火星にいまも生命が存在する可能性を考える上で一つのモデルになる。ヴァイキング着陸船が採取した物理的証拠から、呼吸において酸素の代替物になりうる硫黄や鉄の化合物が、火星の土壌に大量に含まれていることもわかっている。

最近南極で発見された火星の珍しい隕石に太古の生命の兆しがないかと探す研究には、地球深部の生命を研究するために開発された手法が非常に役立った。当初、研究者は顕微鏡で観察された虫のような窪み（図2・3）が、火星の地下に生息する細菌の化石だとほぼ確信していた。しかし結局のところ、土壌学者や微生物学者はそれが小さすぎるので生物ではなくて、おそらく何かの化学的な結晶によって作られたものだという結論に達した。岩の中に生命の兆候を探す大部分の検査では、それらしい結果は得られなかったが、磁鉄鉱（マグネタイト）という鉱物の小さな粒が、地球の地下に生息する微生物が生産するものに似ているのではないかと考える者もいる。

火星の隕石の評価は、最終的に決着がつくことはないかもしれないが、今日では多くの科学者が、他の惑星に微生物が実際に存在する可能性を認めている。何ともわくわくするような考えではないか。絶滅した微生物が他の惑星に存在したというはっきりした証拠は、もし得られれば我々の胸を躍

図２・３　南極で発見された火星の隕石。太古の顕微鏡的な微生物がここに含まれているのではないかと考えた者もあった（下段の拡大図）。地球の深層に生命の徴候を探し当てようとして開発された方法は、このきわめて特殊な地球外の岩石を評価するときに、たいへん有用であることがわかった。Johnson Space Center, NASA の厚意による。

らせると同時に我々を存在論的混乱に陥れるかもしれない。しかし今までの宇宙探査は、ことごとく間違った場所で生命を探し求めてきた。真の活動は奥深いところ、ことによると何マイルもの深さに存在するかもしれないのに、高価で洗練された宇宙探査機は文字通り表面を引っ掻いているにすぎなかったのだ。

最近NASAは、地球で極端な条件のもとに生息する生命を研究するため、そして将来の宇宙活動で生命を探す詳細な計画をたてるために、国立宇宙生物学研究所を設立した。ここではさまざまな分野――地質学、天文学、土壌微生物学、進化学――の研究者の関心が、地球の極限環境と地球外生命の可能性の両方をめぐって合流している。その結果、これから数十年の間に地下の生物、そしてことによると地球以外の生物に関する新発見が次々と現れるかもしれない。

今夜も地球上のどこかに住むホモ・サピエンスが（あるいは貴方かも?）、夜空の星を見上げて何千年も昔の先祖と同じ問いを投げかけているかもしれない。我々は独りぼっちなのだろうか。まだ決定的な答は得られていない。しかし地球の深部を探る一握りの研究者の想像力と忍耐力のお陰で、答えを探すのにどうするのがいちばん良いか、その方法に関して魅力的な情報や手がかりが得られるようになってきたのだ。

今では宇宙のかなりの部分が居住可能で、生命の進化、少なくとも地球初期の生命に似た微生物の進化に必要なすべての材料が備わっていることがわかってきた。著名な進化生物学者スティーヴン・

ジェー・グールドはこの事実を知って次のように述べた。「我々は誰でも正直のところ時折は、細菌が地球を支配していると感じることがある。それならば、宇宙も支配しているというのを否定する理由があるだろうか」。

さらにこの二〇年間続けられてきた地下研究の努力によって、地球の生命に対する長年の考えが根底から覆された。今では地球で生物が生きられる空間と生命の形態は、想像もしていなかったほど桁違いに大きいことがわかってきたのだ。我々が慣れ親しんできた太陽に温められた地表は、生命がそれぞれ独自のお祭を開いている舞台のうちで、一つのものにすぎないという事実を受け入れなければならない。宇宙全体のなかでの生命を考えるとき、太陽エネルギーを利用する地球の表面は中心的な舞台でなく、取るに足りない一部分にすぎないかもしれないのだ。

第3章　系統樹を揺さぶる

以前の物理学のように、生物学も興味の対象やそれらの相互作用を直接の観察ではもはや理解できないレヴェルに移ってきた。そして物理学の場合と同様に、生物学の「原子以下」(細胞以下)のレヴェルも、情報と理解と美に満ちあふれている。

カール・ウーズ『米国科学アカデミー紀要』(一九九八)

四半世紀ほど以前のある深夜、イリノイ州アーバナの薄暗い研究室では、中年の科学者が大きな半透明のフィルムを照らす照明箱にかがみ込んでいた。フィルムには、数種類の微生物から分離した遺伝物質のヌクレオチド配列を表す暗色の帯が映っていた。照明箱の青みがかった光は部屋に流れて科学者の巨大な影を壁に投げ、彼の顔を照らしていた。彼は額にしわを寄せてフィルムを子細に点検していた。時折ちょっと顔を上げては、信じられないといった様子で首を振り、目をこすって、再び目を凝らした。

フィルムに映し出されたバーコードのような模様は、退屈な予備作業を何日となく積み重ねて得られた結果だ。それぞれの列は異なる生物のRNAの切れ端を表しており、各列の縞模様の場所と太さがどれくらい似ているかということを数量に置き換えれば、それらの生物が遺伝的にどれくらい互いに似ているのか推測できる。実は彼は、数日前にやった分析を繰り返していたのだ。最初の結果は信じられないようなものだったが、同じ結果が再度現れてきた。衝撃的な現実が突きつけられた。彼はあらゆる段階で何度も念入りに手順を確かめた。しかし実験に使った化学物質が混ぜこぜになるとか、試料を取り違えるとか、またその他の手違いから生じた結果ではなかったのだ。もしもさらに実験を重ねて立証できれば、この結果の意味するところは紛れもない——二〇世紀でもっとも重要な発見の一つになるだろう。ただ新しい微生物の一種というようなことでなく、生物の新しい王国、それどころか超王国をまるまる一つ見つけたことになるのだ〔分類学用語としての**kingdom**は、別個の体制で区別される生物の「門」を、さらにまとめる最高位の階級である「界」を指す。たとえば脊椎動物門、節足動物門、等々が「動物界」と一括されるなど（図3・3参照）。ここでは記述の調子から、あえて元来の意味である「王国」と誤訳しておいた〕。

科学者というのはイリノイ大学のカール・ウーズ博士、そして一九七六年のこと。実際にはこの発見は、何日もの昼、夜そして何週間もかかってだんだん姿を現してきたのだ。彼の世界を揺さぶり、やがて生物学に論争と革命の引き金を引くこととなったのは、その当時はメタン生成細菌と呼ばれるぱっとしないタイプの微生物にすぎなかった。前章でも触れたように、メタン生成細菌は副産物として天然ガスのメタンを生産する。ウーズが研究を始めたころにはまだわかっていないことだったが、地殻の上層一〜二マイルの深さに埋蔵されている天然ガスは、大部分がメタン生成細菌の生産物と今では考えられている。湿地、水田、その他水に浸され酸素が欠乏した土地に漂うことがある可燃性の沼気を生産するのも、この土壌生物だ。

顕微鏡下では普通の細菌のように見えるメタン生成細菌だが、それが遺伝的には動植物と細菌の違いと同じくらいに普通の細菌と違っているという結論を、一九七六年にカール・ウーズは出した。じっさい遺伝的基礎にもとづいて考えると、メタン生成細菌と細菌の共通点は、巨木やキノコと私たち人間の共通点よりも少ないのだ。もしも動物、植物、細菌類を別個の界と考えるとしたら、メタン生成細菌もそうしなければならない。

分析を進めるにつれて、ウーズはメタン生成細菌の他にも、細菌と考えられていた多くの微生物が自分の発見した特徴的な遺伝学的分類の中に含まれていることを発見した。彼はこの新しい分類区分を「ドメイン（領界）」と呼ぶことにして、このドメーンに「古代の細菌類」を意味するアルケーバクテリアという名前を与えた。後にこの名前は、一般細菌や他の生命形態との違いをより明確に表すために単にアルケアと呼ばれることになる。ウーズはこの発見が今までの進化の「系統樹」の概念を根底からぐらつかせることに気づいた。しかし、革命的な発見を受け入れ理解してもらう過程で彼が体験するはずの個人的そして専門的な闘いのことは、当時の彼に予見できなかった。

私が最初にウーズに会ったのは一九九八年の秋のことだった。月曜の朝会う予定にしていたが、私は日曜日の午後アーバナに着いた。そして時間の確認とキャンパスの研究室への道順を聞こうと思って彼に電話した。私は研究室の番号しか知らなかったが、彼がそこにいるに違いないという予感がしたのだ。果たして彼は受話器を取った。定年間近だったが、彼は仕事の遅れを取り戻そうとして、静かな日曜日を利用していたのだ。途切れることもなく発表される出版物を読んでいたので、彼が決してペースを落とさないこともわかっていた。

翌朝、私は早起きしてキャンパスへの道をたどった。微生物学教室の入っている建物の一階に着いたとき、私はしばらく立ち止まってレーウェンフック・メダル——一七世紀の微生物学のパイオニア、アントン・ファン・レーウェンフックにちなんだ賞——を受賞したウーズの栄誉を讃える展示品に目

図3・1　1970年代後半、生命の新しい一領域を発見したころのウーズ博士。イリノイ大学の厚意による。

を留めた。それからまた階段を上って彼の部屋に向かった。その部屋は小さな実験室を改装したものだった。実験台の大部分は時代遅れの古い実験器具で占領されていた。おそらく彼はそれを捨てるに忍びなかったのだろう。書類、機関誌、本などがそこかしこに積み上げられ、コンピュータのモニター、キーボード、プリンタなどが並んでいた。部屋の中には回転椅子に座り、足を実験台の上に載せた短い白髪の老紳士が見えた。大変くつろいだ様子だったので、ウーズに違いなかった。すり切れた暗緑色の背もたれがついた椅子は私が研究室で座っているものによく似ていた。政府の援助を受けている大学はどこも同じようなのを使っているに違いない。ウーズは熱心にコンピュータに取り組んでいた。

ここにノーベル賞候補になるような人物がいる、と私は自分に言い聞かせた。研究分野のトップにいる科学者と、その道トップの政治家やビジネスマンには天と地の差がある。ここでは最上階の眺望、革張りの椅子、外国産の材で仕上げた机、ホームバー（実験室の流しで代用できれば話は別だが）など無縁である。一流の政治家や一流企業の最高責任者はアルマーニで身を包むかもしれないが、ウーズは古いテニスシューズ、ゆったりとしたカーキ・パンツ、そしてフランネルシャツを着て、そでを捲り上げていた。科学界に共通した見栄を張らないその様子が私は気に入った。

革命家にはよくあることだが、ウーズも別の分野から生物学に挑んだ。一九五〇年代の大学生時代はマサチューセッツ州のアマースト大学で物理学を専攻していた。その数年後にエール大学で生物理学の博士号を得たとき、生物学につながる橋を渡った。大学院を終えた彼は、博士号取得後の研究で、遺伝暗号の起源解明に結びつく微生物界の分子的な驚異や秘密に初めて出会った。ゼネラルエレクトリク社とルイ・パストゥール研究所に短期間勤めてから、一九六四年にイリノイ大学の微生物学教室で終身在職の教授職に就いた。ここで学問の自由が与えられたウーズは、腕まくりをして自分が関心を持つ問題に真剣に取り組めるようになった。

ウーズが最初から最大の関心を寄せていたのは生命における最も重要な分子、つまり遺伝コードを作り出しているDNA（デオキシリボ核酸）とRNA（リボ核酸）だった。二重らせんのDNAが、ある生物の遺伝子のマスターコピーを提供する。そしてDNAの一本鎖版であるRNAは遺伝コードを翻訳して、生命の生化学を触媒するタンパク質である酵素の合成を始めとする生命の重要な過程を生み出す。信じがたいほど多様化した微生物世界の初期進化をそっくり含む正確で完成度の高い系統樹を作ることが、研究の第一段階になると彼は目星をつけた。我々の最古の先祖のもっとも直接的な子孫である今日の微生物を解明することによって、すべての細胞の母、そして遺伝コードそのものの起源を探ろうとしたのだ。植物や動物に重きを置く現在の系統樹が、私たちのような最近進化した大型の地表生物寄りに人為的にゆがめられていることは、ウーズにとって明らかだった。この系統樹を揺さぶることは目的のための手段に過ぎなかったのだが、その結果彼は予期せぬ発見や論争、そして職を失う危機に出逢うことになる。

一九六五年の『理論生物学雑誌』に載った「進化史の記録資料としての分子」と題する論文を読ん

だとき、ウーズに重要な転機が訪れた。それは量子化学と分子生物学の先駆者であるライナス・ポーリングと同僚のエミール・ツッカーカンドルが書いたものだった。彼らは生物学的に重要なタンパク質分子のアミノ酸配列のデータを、長いこと集めていた。そして異なる生物種から集めた同類のタンパク質を比較すると、タンパク質でのアミノ酸配列の似方と、それら異なる種を隔ててきた進化の時間との間に、関連が見られることに気づき始めていた。ほぼ同じ時期に進化した生物にはほとんど同じ配列が見られ、かなり隔たった時代に進化した生物にはかなりの違いが見られた。長い進化の間にタンパク質のアミノ酸配列にはランダムに変化が蓄積するので、タンパク質は「分子の時計」のようなものだった。これらの変化はタンパク質の機能には何も影響を及ぼさず、代々無害なまま伝えらてゆく点から見て中立的なもののように見える。この論文は、細菌の進化史を確定しようとするウーズの計画を確かなものにした。ただし彼は、分子時計としてタンパク質のアミノ酸配列の代わりに、遺伝物質であるRNA分子のヌクレオチド配列を使うことにした。

地球上の生命の歴史を探るには、『ナショナル・ジオグラフィック』誌の表紙を飾るような化石を探し求める高価な探検だけが唯一の方法でもなく最善の方法でもないことが、この突破口によって認識されるようになった。しかしそれは、高性能の電子顕微鏡に投資することで解決できる問題でもなかった。当時ウーズと一握りの研究者たちは、すべての生きた細胞の中に顕微鏡でも見ることができない進化の手がかりがあり、それはタンパク質や遺伝子のような鎖状分子の中に隠されていると考えていた。それ以前にはタンパク質や遺伝子の構造を詳しく調べる方法が確立されていなかったので、このような攻め口は想像もつかないものだった。新しく出現した分子生物学の手法を用いて最古の化石よりもさらに古い時代、すべての生命が微生物の形をとり、最古の先祖がこの地球上で漂っていた時代にさかのぼるのがウーズの計画だった。我々の過去を探すためには、異境の地に出向く必要はなかった。彼はイリノイ州アーバナの質素な研究室でそれを発掘することになる。

ウーズは自分の実験の目的にはリボソームRNA（rRNA）が最良の分子時計になると考えた。リボソームRNAは、細胞内のタンパク質合成の場であるリボソームという構造体にちなんでそのように呼ばれる。ウーズが選んだサブユニット（全体の一部分をなす構成部品）は、すべての生物に欠くことができないタンパク質である酵素の合成に関係するものだった。したがってそれは細菌《バクテリア》からベゴニアまで、キノコから人間まで、すべての生物に見られるわけだ。rRNAを用いれば、同じ条件のもとで地球全体にわたる遺伝学的な多様性を比較して、普遍的な系統樹を作ることができるだろう。ポーリングとツッカーカンドルがタンパク質のアミノ酸配列の違いを研究したのと同じように、rRNAのヌクレオチド配列に生じた中立的でランダムな違いは、信頼できる時間測定の仕掛け、つまり進化時計の針の進みの役割を果たすことになる。

当初ウーズは科学界から無視されて、ほとんど誰にも知られないまま研究を続けていた。彼の研究に注目した人々も彼を変人扱いして、そんな退屈きわまる方法では、狙いとする大きな問題を解決できるわけがないと考えていた。彼の研究の第一段階はrRNAサブユニットを細胞から分離することだった。今日の自動化された装置を使えば数日間で、一、五〇〇～一、八〇〇個のヌクレオチドからなるrRNAサブユニットの配列を明らかにできるが、ウーズが研究に手をつけた一九六〇年代には、半年あるいはそれ以上かかった。そこで彼は、サブユニットの全長にわたって順序を決めてゆく代わりに、酵素を使ってヌクレオチド数で約二〇個ずつの小片に切断してから、その配列を調べることにした。この手っ取り早い方法は、同じrRNAサブユニット内で、六ヌクレオチドほどの長さにわたって同じヌクレオチド配列が繰り返される可能性は極めて低いという統計的な事実をもとにしていた。ヌクレオチド配列全体を知ることは理想的だろうが、生物を比較するときには必要なかった。

犯罪学者が犯罪の現場で入手したDNAを調べる場合にも、これと同じ統計的なやり方を使っている。何万個もヌクレオチドがつながったDNA分子全体の並び順を決めようとするのは現実的でない（そのような分析は、ヒトゲノム計画を繰り返すようなものだろう）。犯罪学者は、犯罪現場に残された数片のDNAの配列が容疑者のDNAの同じ部分の配列と正確に一致すれば、現場で発見されたDNAが容疑者のものである「確率が非常に高い」と言う。ウーズは二つの生物から取ったrRNA片の対応する部分を比較して、配列が合致する割合から相対的な進化年代と類似性の程度を数量化した。彼はこれにもとづいて簡単な「系統樹」を作り、どの生物が同じ枝あるいは小枝に属するか、あるいは重要な分岐点がどこにあるかを決めることができた。地下の世界を支配しており地球の遺伝学的な多様性と生物存在量としてかなりの部分を占めている「見ることのできない」微生物が、初めて系統樹において多細胞生物と同じ土俵に立ったのだ。

ウーズは一九六〇年代から八〇年代にかけて、ほぼ孤立した状態で研究を続けていた。この間に彼の研究室の棚には、何百もの生物の遺伝情報が記されている大判フィルムを納めた箱が詰め込まれていった。彼は、これらのフィルムをヌクレオチド配列や進化関係を表すバーコードとして解読できる数少ない科学者のひとりだった。そして新しい普遍的な系統樹が徐々に作り出された。そこには驚異的な大小の事実がたくさん含まれていた。

研究室を訪れたとき彼は大きな部屋を見せてくれた。その部屋は床から天井まで棚で覆われ、そこには歴史的に重要なフィルムシートが何千枚も納まっていた。生物間の関係に見られるパターンの追求という科学の目標を何時間、何週間、何年間も追い求めて得られた業績を目の当たりにして、私は畏敬の念を覚えた。この光景は、科学革命が決して才能だけで推進されるのではないことを痛感させた。獲物を追う猟犬のようなひたむきな努力、スタミナ、ねばり強さも重要な条件なのだ。

「ウーズ革命」以前の系統樹は、基本的には目で見た通りの現実を表すものだった。主として生物がどのように見えるか、化石記録から推定した先祖がどのように見えるかにもとづいていたのだ。その系統樹は古代ギリシャの時代以来、驚くほど進歩していなかった。

紀元前三世紀のアリストテレスは「自然のはしご」、これは生命のはしごと言ってもよいものだが、それについて記述している。基礎は無生物から始まる階層で、植物、動物、そして当然最上階に人間がいた（図3・2）。それからほぼ二、〇〇〇年後の一七三五年にカロルス・リンネが分類学の代表作である『自然の体系』を著した。そこでもアリストテレスの記述と同じに、動物界と植物界という二つの枝が記されている。リンネの重要な貢献は階層的な分類図式で、これは今日もまだ使われている。そこではそれぞれの界は綱、目、科、属に分類されている。

一七世紀にアントン・ファン・レーウェンフックが単細胞の微生物という生命形態を発見したことによって、ことが複雑になった。それは植物なのか、動物なのか。たいていの生物学者や分類学者は安易な道を選び、一九世紀にルイ・パストゥールが微生物と病気の関係を実証するまで、レーウェンフックの研究と微生物を無視し続けていた。その後は微生物を無視することができなくなったが、生きている微生物も化石になったものも、ほとんどのものは特徴のない棒状あるいは球形に見えて、正確に分類できない点が問題だった（今でも同じ）。強力な電子顕微鏡の力を借りても、微生物の世界の驚異的な多様性は、視覚に訴える姿だけでははっきり見分けられない。

根拠はいささか曖昧なまま、原生動物と呼ばれる大型で運動性のある単細胞生物を動物界に、あまり動きのない菌類や単細胞の細菌類を植物界に分類することに決められた。一九六〇年代に私が高校で習ったのはこの分類で、当時でもかなりの科学者は原生動物と細菌を一緒にして、第三の独立した界に分類していた。その数年後にカリフォルニア大学で生物学を専攻したとき、私は当時の科学界の最新学説を知った。一九六九年にコーネル大学のロバート・ホィッテーカーが提唱した五界分類システムだ（図3・3）。これは原生動物、細菌類、菌類をそれぞれ界に昇格させて、リンネ時代の動植物と並べたものだった。

その頃には強力な走査型電子顕微鏡を用いて生物の詳細を比較できるようになり、地球の全生命形態を細胞の構造によって二つの「上生物界（上界）」、すなわちはっきりした核のある細胞で構成された真核生物と、核のない細胞からなる原核生物（前核生物）に分類できることがわかった。五界図の中では、すべての多細胞植物、動物（人間も含む）、菌類、単細胞の原生動物は真核生物であり、細菌類だけが前核生物に分類される［訳者あとがき参照］。

ウーズが登場したときの状況はこんなふうだった。しかしウーズは五界の樹形図では満足できな

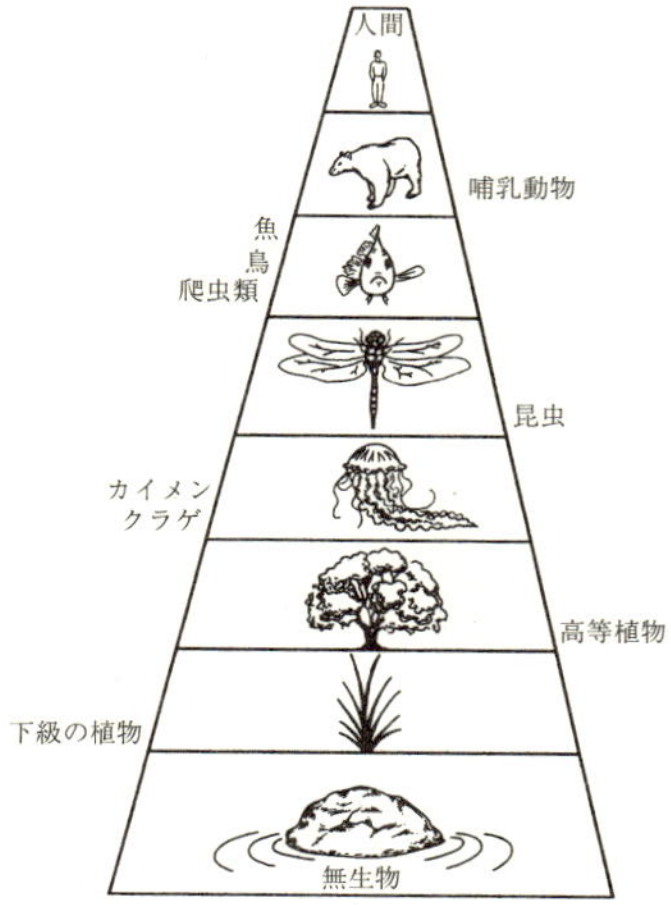

図3・2　紀元前3世紀にアリストテレスが提案した「生命のはしご」。図は Tamara Clark による。

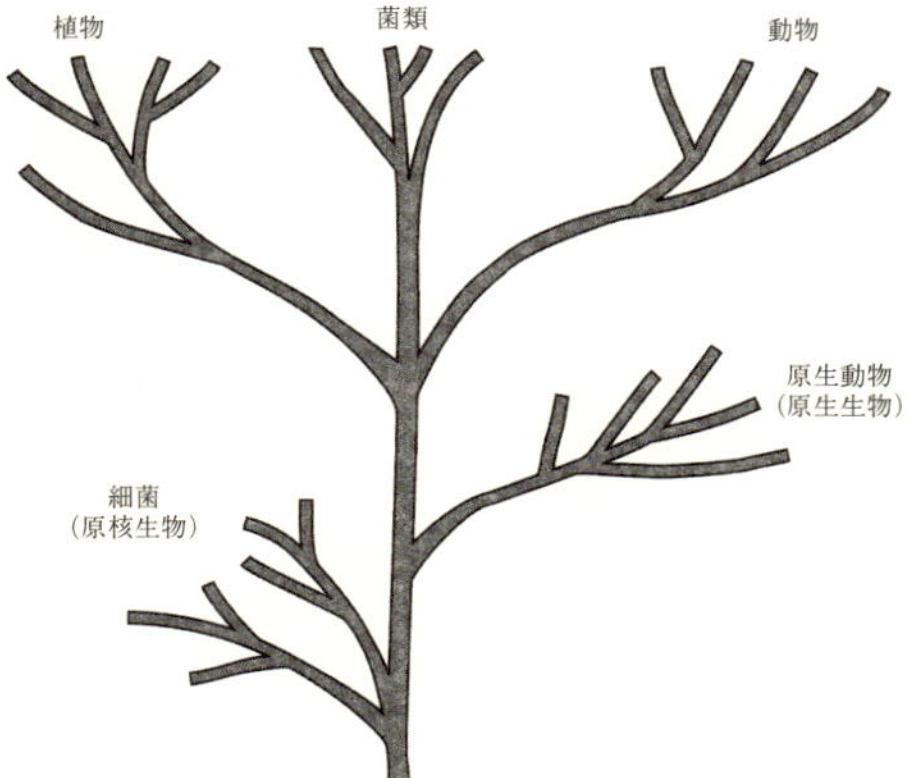

図3・3　ロバート・ホィッテーカーが最初に提唱した五界の系統樹。

かった。彼は原核生物、つまり細菌が含まれる枝が地球における生命の進化史の大部分を占めていること、現存の原核生物の仲間は他の四つの枝の生物に比べて代謝に多様性があり、多岐にわたる環境で生存できることを知っていた。細菌とその親類は少なくとも三五億年間進化を続けてきたのに、五界の樹形図で強調されている多細胞生物は一〇億年以下に過ぎないのだ。

主として目で見る特徴にもとづいた樹形図では、他の枝の根元に置かれた原核生物や単細胞生物の遺伝学的な多様性は正しく扱うことができない。二〇世紀に入ってから、細菌を研究室で培養するとき必要な栄養素のタイプにもとづく分類方法によって、真核生物の分類に進展が見られた。しかし特別の栄養素を補充する技術を用いても推定数の約一パーセントしか培養できなかったので、これは非常に限られた方法だった。

そこでウーズは分子を使う行き方を採ることにした。個々の細菌系統から一つずつrRNAを分離した上で、それらの小片を比較してヌクレオチド配列の違いを探した。イリノイ大学で研究していた最初の一〇年間に、彼は約六〇タイプの細菌についてrRNAのデータを集めた。これだけの数があれば系統、つまり原核生物の枝の形を発表するのに十分だった。その間、彼は時折五界樹形の他の四つの枝、つまり真核生物にも手を出した。こうして比較してゆくうちに、細菌の枝もさらに分枝していて、枝の間の違いは動植物の違いほど大きいことがわかってきた。言い換えると、もしも動植物の間に見られるrRNAヌクレオチド配列の違いが二つの界を区別する基準になるのであれば、細菌の枝の中だけにも、いくつか別個の原核生物の「界」が存在する証拠を彼は握ったのだ。

これだけでも仰天するようなことだったが、ウーズはさらに驚異的な事実に出くわすことになった。それは一九七六年のある日、同じ階の研究室にいるラルフ・ウォルフ（著者の親戚ではない）という同僚からメタン生成細菌のコロニーを貰ったことがきっかけとなった。当時メタン生成細菌のことは、それが細菌らしいということ、表土、水系、その他酸素が欠乏した場所に棲んでいて、代謝の副産物としてメタンガスを生成すること以外はほとんど何も知られていなかった。ウォルフはウーズの研究方法を信じた数少ない人物の一人で、著名な微生物学者だった。彼は、ウーズが描こうとしていた細菌の系図のどの場所にメタン生成細菌が当てはまるのか興味をもっていた。

ウーズが、さきほど書いたようにしてメタン生成細菌の試料のｒＲＮＡ配列のフィルムを調べたところ、その配列は今までに見たどの細菌のものとも一致しなかった。また原生動物、菌類、植物、動物など、どの真核生物とも異なっていた。ｒＲＮＡ配列のデータを十分に理解できる数少ない人物の一人であるウーズにとって、それは、裏庭に出てみたところ植物でも動物でもない奇妙な新生物に出くわしたような驚きだった。

科学者ならば誰でも新種の発見には胸を躍らせることだろう。しかしウーズは図らずも、新たな新大陸に相当する超王国（上界）を丸々掘り起こしてしまったのだ。その後の数か月、ウーズはその結果を確認することにさらに多くの時間を費やした。他のメタン生成細菌も調べてみると、それらも後に彼が古細菌（アルケア）と名付けることとなる独自の集団に属することが、ｒＲＮＡのデータからわかった。

日ごとに証拠が蓄積して、地球の全生命は（真性）細菌、古細菌、真核生物という三つの主要な上界（今日のドメイン［領界］）に分類できることが、まもなくはっきりしてきた（真核生物のドメインにはこれまでの植物、動物、菌類、原生動物の四界が含まれる［最後のものは〈原生生物〉ともされるが、ここでは原文のまま］）。これらのドメインはrRNAサブユニットの特定部分に独自の「署名」ヌクレオチド配列をもっていて、普遍的な生命の樹のもっとも深層の、もっとも基本的な分類であることを明示している。最初の発見から一年以内にウーズとウォルフは、彼らの発見を米国の『科学アカデミー紀要』に発表した。古細菌の発見にマスコミが気づかないわけはなかった。一九七七年にそのニュースは、ウーズの地元紙『アーバナ・ニュースガゼット』のみならず『ニューヨーク・タイムズ』の第一面をも飾った。

ウーズの革命の目的を理解するには、ロケット科学者である必要はない。生物学者である必要もない。物理学における量子革命とは違って、理解するためにラグランジュ関数や波動関数の数学的知識も必要ない。ウーズの革命は説得力のある一つの図、普遍的な系統樹で表すことができる（図3・4）。人々に強い印象を与えたのは、身の周りに見られる生命の多様性、つまり多細胞の植物と動物が、新しい普遍的な系統樹では真核生物という一つの枝の中の二本の小枝に過ぎないことだった。数千年間も目に見える証拠を過信してきたことで、地球における生命の進化の考え方が歪められていた様子

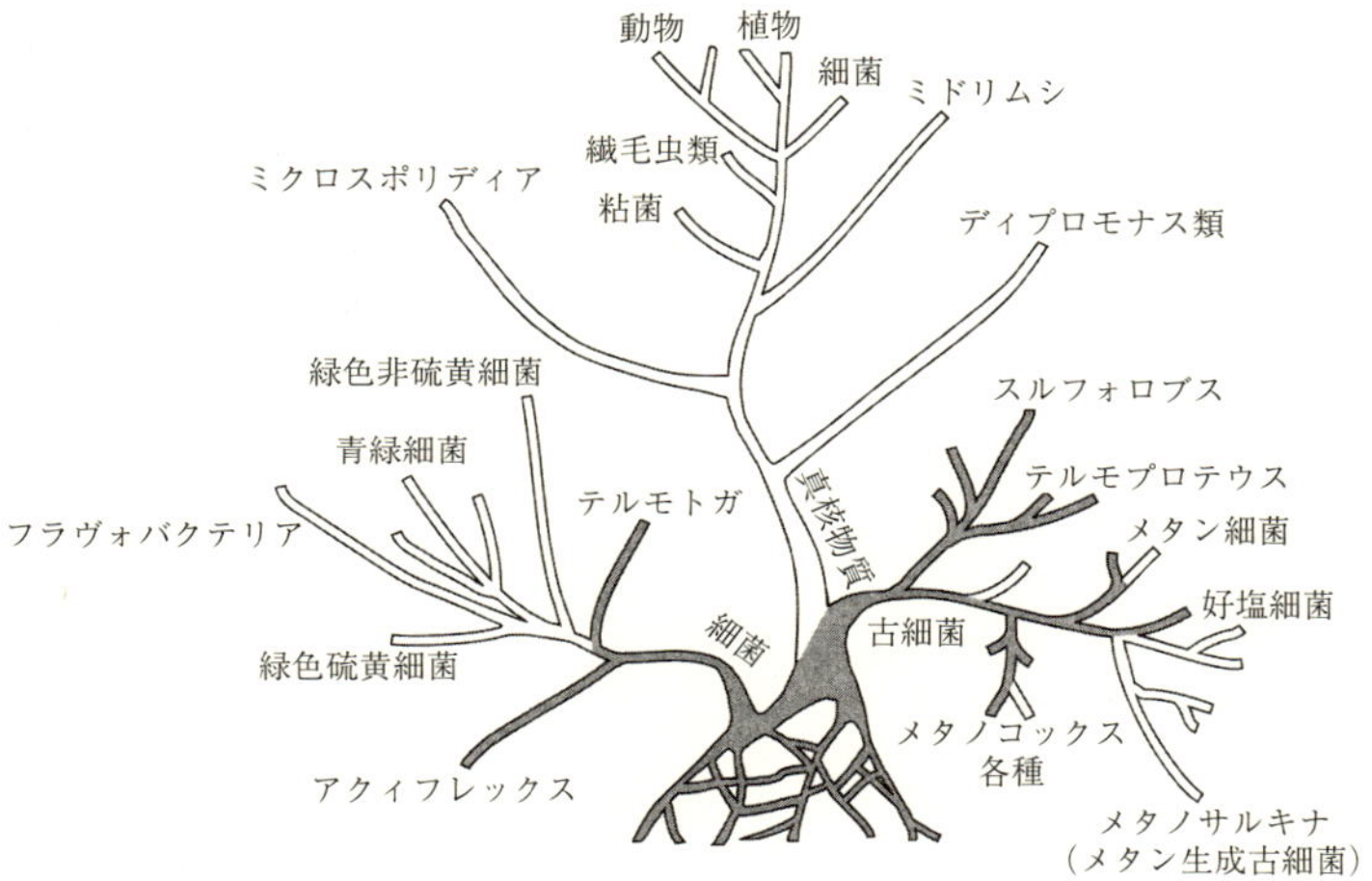

図３・４　カール・ウーズその他が rRNA のデータを用いて描いた普遍的な系統樹。濃色の部分は好熱微生物を示す。図は Tamara Clark による。

が浮き彫りにされたのだ。今日でも高校や大学で用いられる大部分の生物学入門の教科書は、いまだに動植物界を強調して、この考え方を繰り返している。rRNAによる分析は、生命の三つのドメインにそれぞれ何ダースもの界が存在することを教えてくれた。そして大部分の界、すなわち地球の遺伝学的な多様性の大部分は微生物によって占められているのだ。

大型多細胞生物によって支配されている五界の樹形図の中で原始的な生物が含まれる唯一の枝と考えられていた原核生物が、今では地球の遺伝学的な多様性の三分の二にあたる古細菌と（真性）細菌のドメインを占めるに至っているのだ。カール・ウーズが発見した古細菌という新ドメインの中には、動植物や菌類を全部合わせたものよりも桁違いに大きい違いが、その多様性と進化的距離に見られるのだ。

一九九〇年代には、さらに多くの新しい生物のrRNA配列が解明されるにつれて、系統樹を埋めるペースが速くなっていった。一九九八年までには、この方法で五、〇〇〇種以上の生物が分類されていた。一九九六年にはある一つのメタン生成細菌（*Methanococcus jannaschii*）の完全なゲノム（rRNA片だけではない）が解読され、結果は『サイエンス』誌に報告された。この微生物のゲノムのあちこちの部分は細菌に似ていたが、真核生物に似ている部分もあった。全体として見ると、見た目では細菌に似た古細菌であるが独自の第三ドメインを占めることを、その結果は実証していた。それ以後も何種類かの古細菌のゲノムが解読されていて、それらはどれもウーズが以前にrRNAのデータだけで達していた結論を支持するものだった。

普遍的な系統樹は地球における生命の起源の研究に分子遺伝学からのアプローチを提供する。高熱を好む好熱古細菌が最も古い進化史をもつという事実、つまり普遍的な系統樹の根元に位置するということは（図3・4参照）、生命が地下の深部あるいは海洋の火山性の噴出口周辺の堆積物中のような高温環境で始まったという仮説を裏付ける強力な証拠となる。rRNAのデータが示唆するところによれば、三つのドメインはどれも共通した原始的な生命形態集団から太古に生じたものであり、他のドメインから枝分かれしてきたものではないことになる。二〇世紀の大半も含めて何世紀間も支持されてきたのは、多細胞の真核生物が原始的な原核生物から進化した「より高等な」生命形態だという見方であり、以上のようなデータはこの考えからかけ離れている。

今では三つのドメインが大昔に分かれて、ほとんど独立して進化してきたのだろうと考えられている。しかし普遍的な系統樹の根元に近い部分では、それぞれのドメインの関係は入り乱れている。これら最古の単細胞生物は、縁の遠い生物の間で、ときにはドメインを超えて遺伝物質を「水平に」伝達できたからである。こうした原始的なレベルでは、一九六〇年代の自由奔放な「フリーラヴ」フェスティヴァルのように遺伝子が交換されていた。ただしそれは家庭向けの映画のようにセックス抜きの方法で行われた。それは「食べたもので自分が決まる」方法なのだ。傷ついた細胞から放出された遺伝物質が食物のようにして別種の活動的な細胞に取り込まれて、そのゲノムに組み込まれてしまうのだ。

これから先の一〇年間あるいは二〇年間に樹形図の基部が埋められてゆくにつれて、それは枝分かれした単純なパターンでなくネットワークのようなものになる可能性もある。分子遺伝学の強力な道具を用いても、樹形図の基部の正確な位置は謎のまま残されるかもしれない。

古細菌の多くは好熱性で、今日極限の環境に生息する最も原始的な先祖の直系子孫の中に含まれている。しかし古細菌は他の環境でも発見されており、冷たい環境、あるいは極限とはほど遠い環境に生きているものもある。南極の冷たい海水中にも多種多様な古細菌が繁殖している。北大西洋では細菌集団に混ざって、沈没した豪華客船タイタニックをむさぼり食っている古細菌が発見された。この微生物集団は鋼鉄製の被甲から鉄を抽出して、巨大な「鉄銹《さび》小体 rusticle」を作っている。中には一メートルにもなって沈没船からぶら下がっているのもある。表土に生息する古細菌もある。ごく最近まで表土は古細菌が住むのにあまり適していないと考えられていたが、それは培養ができないことから出された結論だった。新しい分子的な方法を用いてフィンランド、アマゾン川流域、ウィスコンシンなど多様な地域の土壌を調べた結果、古細菌がミミズや昆虫や微生物とともに表土に生息している証拠が発見された。土壌や冷たい海水中で発見された古細菌の生態学的な役割は、今のところまだほとんどわからない。

カール・ウーズは進化の研究を分子時代に持ち込み、こうすることによって地下の微生物をダーウィンの世界に持ち込んだ。ウーズは一九七七年に最初にメタン生成細菌の発見を公表したとき、自分が他の科学者にはできない貢献をしたことを知っていた。何と言っても彼は生命の第三のドメインを発見したのだ。しかしそれに続いた出来事、正確に言えば続かなかった出来事は、気落ちさせられるようなものだった。

最初の数週間は注目の的になり新聞にも載ったが、講演の依頼はあっという間に尻すぼみになってしまった。月日が経っても研究費の調達はいっこうに改善されず、ウーズの研究室に入ろうとして押し掛ける大学院生の姿も見られなかった。三つのドメインからなる樹形図を苦労してまとめ上げるために用いた山のような証拠を、ほとんどの微生物学者があっさりと無視したことが、最悪のできごとだったと彼は述べている。何年もかけて小さな細菌ｒＲＮＡを一人で研究してきたこの科学者の発見を、彼らは信じようとしなかった。中にはあからさまにウーズの研究を批判し、彼の結論を一蹴して、彼と関わると職を危うくすると支持者たちに警告を発する者もいた。

彼を訪れたとき、革命的な考えを納得させるためにまだ闘いを続けている部面があることについて、科学のやり方に間違ったところがあるか、手直しすべきものがあると感じていないのかと私は尋ねてみた。意外なことに彼の答は、「このように奥深い問題に対して科学が用心深いのは適切なことだ。他の研究室から協力を得るまでに時間がかかっただけだ。自動化されたより速い方法があり、生物のゲノム全体の配列を知ることができるようになった今では、事が速く運ぶようになるはずだ。謎や矛盾点を解決できるようになるかもしれない」というものだった。それでも、もしも同僚たちに偏見がなければこの分野はもっと速く進んだかもしれないということは、彼も認めている。

振り返ってみれば、問題の一部は自分が孤立していたことにあったとウーズは気づいている。彼は研究が大好きだったが、科学の会合に参加してもそれほど満足感を得ることがなかった。物理学を背景に持ち、分子生物学的な展望をもつ彼は、その当時微生物学や進化学の研究に関わっていた人々と違う言語を用いていた。科学者仲間と付き合ってデータの解釈に支持を取り付けるよりも、研究室で新しい生物のｒＲＮＡの配列を解読している方がよかったのだ。

それといくらか関係のあることだが、少なくとも初期の段階では同じような研究を行って彼の方法の理論的な根拠や結果の解釈を把握できる者はごく少数だった。彼の発見を確認あるいは否定するようなデータを他の研究室から入手することは難しかった。ウーズから見れば彼の解釈は自明で、データには疑う余地がなかった。だから自明の理として通用するはずなのだが、実はそうならなかったのだ。

幸いなことにウーズの実績と科学的方法には非難の余地がなかったので、ゆっくりではあったが着実に進む彼の研究論文は審査を切り抜けていった。そして彼は尊敬され影響力を持つ一握りの支持者を味方につけた。その中にはバークレーの進化生物学者ノーマン・ペース、影響力を持つドイツの微生物学者であるオットー・カンドラー、そしてもちろんイリノイ大学の同僚であるラルフ・ウォルフも含まれていた。この小さな支持者のグループは彼に力を貸し、しばしば自分の評判を危険にさらすこともあった。

しかし科学界の冷遇がウーズを思いとどまらせることはなかった。生来頑固で自信家の彼は自分の主張を貫いた。彼はトマス・クーンの『科学革命の構造』を読み、科学の進歩の歴史を見ると彼の苦闘が例外ではない事実にいくらか元気づけられた。

ウーズがこの話をしたとき、アントン・ファン・レーウェンフックとの類似点が私の頭に浮かんだ。ガリレオが惑星や星を探し求めて空を探っていた一七世紀に、織物商人だったレーウェンフックは一滴の池の水に「アニマルクル（微小動物）」や「みすぼらしい小動物」を探し求めていた。レーウェンフックには一握りの支持者がいた。中でももっとも有名だったのは英国の博物学者ロバート・フックだった。しかしレーウェンフックはおおむね一人で研究していた。そして彼の発見はどっちつかずの反応、時には敵意に満ちた反応を引き起こした。科学界から孤立していたという事実が、彼を受け入れられにくい存在にしていた。彼は学術クラブの真正メンバーではなかったのだ。レーウェンフックのレンズ（彼が自分で磨いた）と技術は非常に優れていたので、彼の結果を再現できる者がいなかったことも問題だった。しかしレーウェンフックはそれを冷静に受け止めていた。彼は友人に宛てた手紙で次のように書いている。

無知の人々は私が手品師で、存在しないものを人々に見せると言う。しかし彼らを許さなければならない。彼らにはそこまでわからないのだから。……新しいものはしばしば受け入れられない。人々は、教師が自分に押しつけたものにこだわるからである。

私たちにとって幸運なことに、レーウェンフックは研究を続けて発見を文献に残した。彼の死後、「みすぼらしい小動物」と彼が呼んだ細菌が再び人目に触れるのは少なくとも一世紀経ってからのことだった。一九世紀になると顕微鏡で彼に匹敵する腕前があり、彼の結果を実証できる人々が遂に登場した。そして私たちは微生物の世界の隠されていた意味に気づいた。

科学革命の航路を切り開く幸運あるいは不運に出会っていた以前の科学者たちと同様に、ウーズも非難に耐えなければならなかった。しかしどのような科学革命でも、たった一人に手柄を与えるわけにはゆかない。いまなお進展中のこの革命も例外ではない。カール・ウーズは彼に先立つライナス・ポーリングや他の分子生物学のパイオニアに多大な恩義がある。また一九七〇年代後期になると、彼はもはや一人ではなかった。他の人々もそれぞれ独自の立場で微生物進化の研究に分子的なアプローチを用いる利点に気づき始めていた。細胞壁の分析を通してメタン生成細菌の独自性を発見したオットー・カンドラーもウーズ同様に、古細菌が地球に繁栄している生命の三番目のドメインを代表すると確信するようになった。

一九八〇年代には次第に形勢が変わり、ウーズの努力を見下す微生物学者の数が減り始めた。三つのドメインを代表する数百種類の生物のｒＲＮＡがはっきりしてきた。八〇年代の終わりになると、ほとんどの科学者は古細菌が独自の生命形態であることを受け入れるようになった。ただし古細菌はやはり系統樹の一つの枝に相当すると議論する者も多かった。かつては多くの微生物学者たちに嫌われたウーズが彼らのリーダー格の一人となり、彼を英雄視する者さえ現れた。現在ウーズの普遍的な系統樹は微生物学者の間でドグマと考えられるようになり、他分野の懐疑論者の数も減少してきた。今ではほとんどすべての科学界が古細菌の遺伝的独自性を認めて、ｒＲＮＡ分析が進化的関係を解明する重要な道具であることに大部分が同意している。

ウーズと会ってから帰りの飛行機の中で、私は近代の科学の手続きについて考えていた。私たちは真実を、つまり周囲の世界に関するより深い理解を探し求めているが、あてもなく探し回りたいとは誰も思わない。ウーズが直面し今でも対処している批判の大部分は、熱心な科学者の懸念から生じたもので、ちっぽけな嫉妬にもとづいたものではなかった。正統に反抗する一人の科学者が私たちを崖っぷちに連れ出して、偽りの理論の恐ろしい奈落の底に転落させるのを防ぐために、助成金の申請、論文の発表に対する専門家仲間の審査、その他の手の込んだ障壁が築かれている。これはもちろん良いことではあるが、昔からの問題に新しい展望を持つ科学者にとっては、自分が正しいことを同業者にわからせようとすると、その手順は非常にくたびれるもの、うんざりするほど時間のかかるものとなる。それればかりでなく、そのおかげで自分の経歴が危うくなる恐れさえ生じてくるのだ。

そのような年月を通して彼を押し動かし続けてきた要因のことを、ウーズは話してくれた。それは主として仕事自体、そして遺伝コードをその根元までたどる研究がはかどっているという確信だったと彼は話した。予期せぬ出来事や嬉しい驚きもあった。たとえば一九八〇年に同僚のオットー・カンドラーがミュンヘンで開催された古細菌の第一回国際会議に彼を招待したとき、現地に到着した彼は王侯貴族のような扱いを受けた。ウーズは、カンドラーのおかげで、彼の考えが西ヨーロッパで熱狂的に受け入れられたことを知ったのだ。ウーズが講演したとき、彼が壇上に上がろうとすると合唱隊と吹奏楽団が祝典の音楽を奏でた。カンドラーは、米国内での批判そして認識の欠如からウーズが受けている精神的な苦痛を和らげようとして、こうしたレセプションの取り計らいをしてくれたのだ。

この出来事からちょうど一〇年経った一九九〇年になると、この問題は少なくとも微生物学の分野では世界的に認識されて、もはや議論を呼ぶようなことではなくなった。その年に、ウーズは微生物学における最高栄誉であるオランダ王立芸術科学アカデミーのレーウェンフック・メダル受賞のためにアムステルダムに飛んだ。これはレーウェンフックの「微小動物」発見二〇〇年を記念して一八七五年に始まった賞だった。この賞は軽々しく頻繁に授けられるものでなく、過去一二五年間の受賞者は一二名にすぎない。一八九五年にはルイ・パストゥールもメダルを受賞している。過去の高名な受賞者たちの中で、カール・ウーズほどレーウェンフックを喜ばせた者はいなかっただろう。

「レーウェンフック賞」の受賞が、最高の満足感を味わった瞬間だったのか、つまり時間をかけただけの価値があったと感じさせる瞬間だったのかと私は尋ねてみた。彼はちょっと考えてから首を振った。「ちょっと見せたいものがある」。彼はそばの棚から古い一九九一年版の『微生物学』を取り出した。これは評判の良い微生物学の教科書で、版を重ねてきている。ウーズ自身も長年の間に何度もこの本を参照してきた。彼は本を開いた。すると表紙の内側には、ｒＲＮＡのデータにもとづいた三つのドメインからなる彼の普遍的な系統樹が完全な形で図解されていた。「これだ」と彼はそのページを指さした。「これなのだ」。

第2部　地球のための生命維持

第4章　窒素循環

脱窒素作用と窒素固定において、我々は紛れもなく生物学的な力が働いていること、そして生命が地球規模の代謝の流束および貯留と密接に一体のものとなっていることを、見ることができる。

タイラー・ヴォルク『ガイアの実体――地球の生理学に向かって』（一九九八）

有名な一七世紀フランスの数学者で哲学者もあったルネ・デカルトは「我思う、ゆえに我あり」とつぶやいて伝説の人になった。近代の進化生物学者も同じような結論に達するかもしれないが、こんどの言いぐさは、「我々は闘う、ゆえに我々あり」ということになるだろう。今日地球上にあるすべての生命形態の歴史は、ダーウィンが言ったように乏しい資源と変化する環境の中での生存をかけた闘いの歴史なのだ。おそらく読者も、そうした感じを覚えることがあるだろう。この苦闘がなければ自己複製を行う原始的な生物分子以降の進化はなく、その壮大な謎に驚異を感じる我々もここにいなかったのだ。

その中でも、乏しいけれども欠かせない窒素を求める闘いほど重大なものはなかった。古細菌、細菌、原生動物のような独立した微生物から、人体のように複雑で協調した集団を作る細胞に至るまで、地球上で生きるすべての細胞が窒素を必要とする。炭素、酸素、水素とともに、窒素も「生命の素材」なのだ。生物体内の中の大部分の窒素は、タンパク質および遺伝子のそれぞれ基本構成分であるアミノ酸および核酸の形をとっている。すでに論じたように、こうした巨大分子の形成は地球における生命の起源に不可欠のものだった。タンパク質からなる酵素は、基本的な生化学反応を触媒する。そしてDNAとRNAの核酸配列は、タンパク質合成を指図する自己複製と進化の手段になっている。

地球の窒素循環の大部分を管理して、全生物を維持できるだけの量を急速に大量生産しているのは地下に住む特殊な生物だ。これらのものが何億年もかけてゆっくり進化してきたその間に、生物圏は拡大し、窒素の要求が増してきた。地球の生命が遺伝的突然変異を通してエネルギー源や栄養資源を活用する新しい代謝過程を常に試みてきたのは幸いなことだった。ある元素が少なければ少ないほど、その入手方法に新しい変異をもつ生物が成功を収めて自分の能力を子孫に伝える可能性が高くなる。こうした傾向がなければ、我々はとうの昔に資源を消費し尽くして死滅していただろう。進化の道をたどるうちに、かつては利用できない「不要物」と考えられていたものが新しい生命形態の「栄養源」になる。このような見方に立つと、希少性が進化の系統樹を育てる肥料の役割を果たしたと言うことができるかもしれない。

生存をかけた闘いは一般に種間の闘争として描かれる。しかしこれから見ていくように、地下の生命は生物間の協力の上に成り立つ場合が多い。遺伝子と個体の流儀は「利己的」だが、自然界は、協力が互いの利益をもたらすいくつもの複雑な共生関係を、種間に作り出してきた。地球上でもっとも重要な共生関係の一つとして、ある種の植物と空中から窒素を取り込むことができる土壌細菌の関係がある。

文字通り窒素浸《づ》けになっている状態の我々にとって、窒素が極めて希少な資源であることは母なる自然の非情な皮肉である。我々を取り巻く空気の七八パーセントは二原子からなる窒素分子（N_2）によって占められている。地表一平方メートル当たりに、この気体窒素は約七トン存在する。深呼吸をしてみよう。肺を満たす大部分の気体は窒素なのだ。ここで問題になるのは、血液中のヘモグロビンと反応して空気から体内に取り込まれる酸素（O_2）と異なり、N_2は化学的に不活性な点である。N_2分子の二個の窒素原子は非常に強い三重結合で結びついている。この結合を壊すことができるのは、ごくわずかな微生物に限られている。呼吸をするつど何百万ものN_2分子が肺を出入りしているが、同化されるものは一つもない。この重要な元素の資源が我々を取り巻く大気中の窒素ガスだけだったら、人間を始めとして地球上ほとんどの生物は死に絶えてしまうだろう。それは大海の只中で水に渇して死ぬようなものだ。

したがって一握りの土壌および海洋微生物以外のすべての生物にとって、これだけ大量に存在する窒素源は木星や火星にあっても同じことなのだ。N_2ガスを窒素源として利用できる植物、動物、菌類は一つもない。さらに悪いことにはそれ以外には、地中深く埋まった堆積岩や火成岩に含まれる少量のものを除けば、窒素はほとんど存在していない。地中深部に埋まった岩石に含まれるもの以外には、地球の窒素の九九パーセントは大気中のN_2ガスとして貯蔵されている。残りの一パーセントが土壌や海洋や生物体内に含まれている。

地球に住む我々人間や他の生物は、N_2ガスを利用可能な形に変換してくれる「窒素固定細菌」と呼ばれる特殊な原核生物（古細菌や細菌）に頼らなければならない。進化における窒素固定の「発明」は光合成（炭素固定）に匹敵する地球の生命史の要《かなめ》になる出来事だった。光合成によって生物圏が太陽エネルギーと二酸化炭素（炭酸ガス）の炭素を利用する仕組みが初めて作り出されたように、窒素固定によって大気中に含まれる大量の窒素源が利用できるようになった。多くの人々は光合成が約三〇億年前に最初に進化して、その一〇億年後に窒素固定が続いたと考えている。この二つの生物過程によって、他の方法では利用できない資源の封を開いて地球の積載能力を大幅に増大させることができる。

N_2ガスを固定する微生物にとって、克服しなければならない最初で最大の難関は、二個の窒素原子を結びつけている非常に強い化学結合を壊すことだ。結合が壊れてしまえば、自由になった窒素原子は水素、炭素、その他の元素と結合してアミノ酸、タンパク質、その他生物に重要な分子を作ることができる。窒素固定細菌が死んで分解したり食われたりすると、窒素は他の生物が利用できる有機分子として食物連鎖に入る。我々の体のタンパク質や遺伝子に含まれる窒素のほとんどすべてのものは、どこかで窒素固定細菌を通ってきたのだ。

どの土壌にもたいてい多少の窒素固定細菌は含まれているが、空気からN_2ガスを捕らえる能力は比較的稀な性質である。世界各地の土壌や海水に住む何万種もの細菌のうち、窒素固定をしつつ自由に暮らせる細菌は約二〇〇種にすぎない。これよりいくらか一般的なものとして、宿主植物の根に住みつき、植物に窒素を与え、お返しに光合成産物（炭素やエネルギーが豊富に含まれる糖類）を受け取るものが知られている。

世界中の窒素固定生物は、自由生活を行うものも共生を行うものも、同じ酵素であるニトロゲナーゼを用いてN_2ガスをアンモニウム（一個の窒素原子に四個の水素原子が結合した利用しやすい分子であるNH_4［正しくはイオンであるNH_4^+］）に変える。ニトロゲナーゼは酵素のうちでも二つの意味で文字通り巨大な存在だ。まずサイズが巨大で複雑だということ、もう一つは地球規模の生化学における巨人ということである。自然界の壊れやすいバランスを心配する人は、この貴重な酵素が全地球に数キログラムしか存在しないことを知ったらかなり不安に駆られるかもしれない。全世界のニトロゲナーゼを集めても、たった一個の大型ビーカーやバケツに入ってしまう量にすぎないのだ。これを失うと今日の地球の生命は停止してしまう。

最近ニトロゲナーゼの合成と調節に関係する細菌遺伝子が二〇種類以上確認された。そして詳しい構造がX線結晶学やその他の技術によって決定された。この遺伝子を構成する長いねじれた原子の鎖は、ゆでたスパゲッティとかネコがもてあそんだ毛糸玉のように絡み合っている。しかし曲がりくねった物理的な形は決してランダムなものではない。ねじれて曲がった個所は電気的に荷電した様々な構造と共にN_2分子を決まった定位置に置き、化学反応を促進させる水など他の分子を正しい場所に運んでくる働きをしている。ニトロゲナーゼは二個の巨大タンパク質から構成されている。そして一個のN_2分子を一個のアンモニウムに変換するとき、一・二秒間に八回物理的な分離と再結合を繰り返す。たいていの化学反応はナノセカンド［一〇億分の一秒］単位で起きる。一・二秒という時間はそれに比べて何千倍も長く、他に類を見ない。窒素固定の難しさをここにも見ることができる。触媒としてニトロゲナーゼを利用しないでN_2を固定する試みは、先進的な近代の研究所にとっても非常に取り組み甲斐のある課題になっている。

ニトロゲナーゼは、N_2の中で窒素原子をつなぎ合わせている非常に強い三重結合を壊すのに必要なエネルギーのレベルを、大幅に低下させる。それでも窒素固定は、消費するエネルギーの点から見ると、他の生化学反応に比べて非常に「高価」についている。エネルギー要求量が大きい反応なので、自由生活を行う窒素固定細菌は不利な立場にある。反応を進める炭水化物やその他高エネルギーの分子を探し回らなければならないからであるが、共生を行う窒素固定生物の方は、宿主植物からエネルギーの供給を受ける。

土壌微生物と植物の共生関係、そしてそれが窒素を必要とする地上生命の要求にこたえるものであることが初めて知られるようになったのは約一〇〇年前で、それほど昔のことではない。多くの発見と同様に、これもある意味では偶然発見された。二人の無名なドイツ人農学者、ヘルマン・ヘルライゲルとヘルマン・ヴィルファルトが、色々な植物の窒素要求量を調べる実験を温室で行っていた時にこの現象を発見した。彼らは豆類、アルファルファ、ルピナス、ベッチ［おもにウチワマメを指すが、しばしば他の飼料植物などをも一括して言う」などのマメ科植物の方が他の作物に比べて窒素が乏しい土地でもよく育つことに気づいて興味を持った。窒素肥料に対するマメ科植物の反応も、他の作物に比べて変動が大きかった。植物組織内の窒素含有量を測定してみて、マメ科植物も他の作物と同じ量の窒素を必要とするけれども、ふしぎなことに土壌中に含まれる窒素の量とは関係なくその必要量を満たしているのだと彼らは判断した。

輪作作物としてのマメ科植物の価値は数千年前から知られていたが、ヘルライゲルとヴィルファルト以前の人は誰も、その価値を窒素とはっきり関連づけることはできなかった。紀元前七〇年〜一九年に生きたローマの有名な詩人、プブリウス・ヴェルギリウス・マロ、またの名をヴァージルは、大地で働く人々へ捧げた叙事詩『ゲオルギクス』の中でマメ科植物を用いた輪作を薦めている。

黄金の穀物を蒔《ま》きなさい
さやの中で小さなベッチが陽気に揺れる
豆を育てたあの土地に、
あるいはすらりと伸びた茎や根の
苦みを帯びたルピナスを植えた……。
作物を換えると大地は安息を得る
そして休耕地は恩返しをする

それほど詩的ではないが、農家に対する同じような勧告は、私が勤務しているコーネル大学のような指導的立場にある施設が配布した最近の文書にも記されている。もちろん今ではマメ科植物がもたらす効果についてその方法や理由がかなりわかっているので、その情報を元に農家に助言を与えることができる。

ヘルライゲルとヴィルファルトは飽き飽きするような実験を何か月も続けて、ある種のマメ科植物に窒素に似た肥料効果をもたらすが窒素ではない何かが、ある種の土壌に含まれるという結果を出した。その何かとは、彼らには検出できない窒素の化学的な代替物質だったのだろうか。さらに蒸気滅菌を施した土壌でマメを栽培するとその利点が失われて、マメ科以外の植物のように葉の黄化や窒素欠乏症のその他の兆候を示すことがわかった。何か生きたものがマメ科植物に窒素を供給していることを実証したこの実験は、何らかの形で共生が行われていることを示唆していた。

一八八六年にヘルライゲルは三年かけた実験の要約をベルリンで開催された第五九回ドイツ科学者物理学者会議で発表した。この研究発表は、すぐに大評判になった。急速な人口増加を支える窒素肥料が使い果たされてしまう恐れが当時生じていたからである。より高度な研究を行っていた研究所の科学者の中には、いささか疑いを抱いた者も多かった。もしもヘルライゲルとヴィルファルトが言うように共生による窒素固定が広く行き渡っているのならば、なぜ今まで誰も気づかなかったのか。彼らはその結果を確かめるために自分の研究所に急ぎ帰った。

多くの人が驚いたことに結果は簡単に確認できた。今にして思えば、高度な研究所が発見できなかった理由ははっきりしていた。彼らは植物を栽培するときに管理しやすい培地を使っており、実際の土壌を用いることなどほとんどなかったのだ。つまりは還元主義的なアプローチと単純化された「近代的システム」が研究者たちを迷わせていたことの一例である。

一八八八年にオランダ〔原文ではドイツ〕の若くて意欲的な科学者マルチヌス・ベイエリンクがマメ科植物の根で成長するリゾビウム属の細菌を初めて分離した。当時彼はすでに、土壌微生物学の重要なパイオニアになる素養を見せ始めていた。この窒素固定細菌は、トウモロコシの粒ほどの大きさの根粒の中で見つかった。根粒はマメ科を始めとする窒素固定植物の根に特徴的な塊を作る（図4・1）。この発見によってパズルのすべてのピースが所定の位置に納まり始めた。

リゾビウムが土壌に含まれるN_2ガスからアンモニウムを作り、このアンモニウムが窒素源として宿主のマメ科植物によって利用されることが、やがて証明された。こうしてマメ科植物が他の植物ほど窒素肥料を必要としない理由が明らかになった。またマメ科植物が輪作作物として非常に有益である理由もはっきりした。共生によって固定された窒素は、植物が死んで分解すると利用できる有機物の形で土中に放出されるので、その後の植物や生物のために土壌に肥料が施されることになるのだ。

マメ科植物は食糧あるいは動物の飼料に利用される高タンパク質作物として、あるいは他の作物と輪作する「緑肥」として今でも非常に重要な農作物である。今日農業向けに販売されるマメ科作物の種子には遺伝子操作によりあるいは選抜によって、ほとんどのものに窒素固定能力を最大限にしたリゾビウムが接種されている。マメ科の樹木はモハヴェ砂漠のメスキート、半砂漠地帯やサヴァンナのアカシア、そして熱帯雨林に特徴的な数種類の広葉樹などの生態系で、土壌の窒素レヴェルを保つのに重要な役割を果たしている。地上にもっとも広く分布して経済的に重要な窒素固定生物はリゾビウム属の細菌だが、スカンジナヴィア、合衆国の北西部、その他の温暖地域の森林ではフランキア属の細菌が支配的で、ハンノキ、ヤマモモ、その他の樹木との関係を通して窒素を供給している。

この一〇年間に分子レベルにおける共生的窒素固定について、そして細菌と植物が「敵」でなくて「友」であることを互いに認識し合う方法について、多くのことがわかってきた。リゾビウム属の細菌は二五個以上の根粒遺伝子を含んでいて、それらは普通プラスミドと呼ばれる小さい輪形のＤＮＡ

図４・１　ダイズの根に窒素固定細菌が作った根粒。写真は Joseph Burton による。

上に見られる。またマメ科植物その他の宿主植物の方も、根粒化の過程に特異的な遺伝子をもっている。ここで宿主細胞が直面する事態を考えてみよう。宿主は自分の根を取り巻く何万もの細菌をふるい分けて「善玉」であるリゾビウムだけを根の組織に侵入させるようにしなければならない。このふるい分けの過程は、植物が何百万年もかけて獲得してきた寄生感染症に対する防御の仕組みに優先するものでなければならない。

リゾビウム細菌とマメ科植物の間で友好関係を樹立する第一の段階は植物側から始まる。植物がある特定の発育段階にあり、適切な環境からの合図が与えられると、ある種の植物遺伝子のスイッチが入り、フラヴォノイド（フラボノイド）という特別な化合物の生産が始まる。このフラヴォノイドは根から浸みだし、リゾビウムを引き寄せて、細菌がもついくつかの根粒化遺伝子の引き金を引いてスイッチを入れる。マメ科植物の種類によって、生産されるフラヴォノイドはそれぞれ違っている。決まった窒素固定細菌だけを引き寄せて、遺伝プログラムの引き金を引くようになっているのだ。

いったんこの過程が始まると、リゾビウムは複雑な糖類の生産を始める。この糖類は細い根毛を縮らせて、根毛細胞に侵入するためのトンネルのようなものを植物に作らせる。特異的な宿主の根の細胞まで到達した細菌は、細胞に侵入する。すると細胞は大きくなり、バクテロイドと呼ばれる細菌と細胞の複合体を作り、それは植物が生産する特殊な半透膜で覆われる。この膜は物質の出入りを指図して、バクテロイドが生産したアンモニウムの一部をしみ出させ、バクテロイドが必要とする炭水化物や必須養分をしみ込ませる。そして最終的にバクテロイドの周囲に植物組織の大きな根粒が作られる。

窒素固定の過程で重要な役割を果たす酵素ニトロゲナーゼは酸素にさらされると破壊されてしまう。それゆえ個々の窒素固定生物は、ニトロゲナーゼを酸素から守る独自の仕組みを持っている。リゾビウムとマメ科植物の共生では、酸素を吸収する巨大分子レグヘモグロビン（マメのヘモグロビンの意味）が生産されてバクテロイドを浸している。レグヘモグロビンの「レグヘモ」の部分がリゾビウムの遺伝子、そして「グロビン」の部分は植物遺伝子に支配されるという発見は科学者たちを驚かせた。異なるドメインに属する二種類の生物が、複雑な巨大分子を合成するノウハウと労働を共有しているのだ。これこそ究極の共生と言えるのではないだろうか。レグヘモグロビンはリゾビウムに感染したマメ科植物に特有のものだが、その名が示すように、我々の血液中のヘモグロビンによく似ている。レグヘモグロビンもヘモグロビンのように鉄を含み、酸素と結びつくと鮮やかな赤色になる。マメ科植物の活性のある根粒は、しばしば血のように赤い色を帯びている。

窒素固定の複雑な構造の基礎とその働きには費用がかかる。リゾビウムや他の共生窒素固定細菌は、植物宿主が光合成で生産する炭水化物のうち二〇パーセントを使ってしまうことも多いと推定されている。それゆえ植物は窒素を得て共生の恩恵を受ける一方で、高い値段を支払っているのだ。必要のないとき窒素固定の活動を止めさせる仕組みを自然界が編み出したことも、特に驚くに値しないだろう。たとえば根粒化と窒素合成を支配する遺伝子のうちには、土壌に高濃度のアンモニウムがあるとその働きを止めてしまうものもある。

生物圏はこの三五億年間に大きく拡大してきた。すでに触れたように、生物学的な窒素固定で地球の環境容量が増すのと同時に起こるのでなければ、こうした拡大は決して可能にならなかっただろう。しかし今日の地球では窒素要求量が非常に大きいので、窒素固定だけでは年間必要量の一〇～二〇パーセントしか供給できない。残りはすでに固定されて生物圏、土壌、海の窒素貯蔵の一部になっているものの再利用によって供給される。窒素固定と同じく、この再利用でも土壌生物は重要な役割を果たしている（図４・２）。

食物連鎖が進化し始めた非常に早い時期に、分解者と呼ばれる土壌生物の大集団が、死んだ微生物や植物、あるいは動物を消費して窒素を得る能力を獲得した。今日こうした生物はタンパク質や窒素を含む他の巨大分子を簡単なアンモニウムの形まで分解してから、その一部分を自分で使い、残りは植物や他の微生物の使用に任せて土壌中にそのまま残す。他の動物と同じように、人間もこの窒素の内側の循環の一部をなしている。

もしもこの窒素の内側の循環が完全に効果的であれば、窒素固定を通して新たな窒素を大気から得る方法にそれほど頼らなくて済むだろう。しかしそうは問屋が卸さない。生物圏や土壌に入る窒素のうちかなりの部分は再び漏れ出てしまうので、絶えず補給されなければならないのだ。

地球での内側循環からの窒素流出は、次のようにして始まる。土中の有機窒素とアンモニウム窒素のかなりの部分は、小型だがどこにでもいる一団の微生物によって硝酸塩（窒素が三個の酸素原子と結合

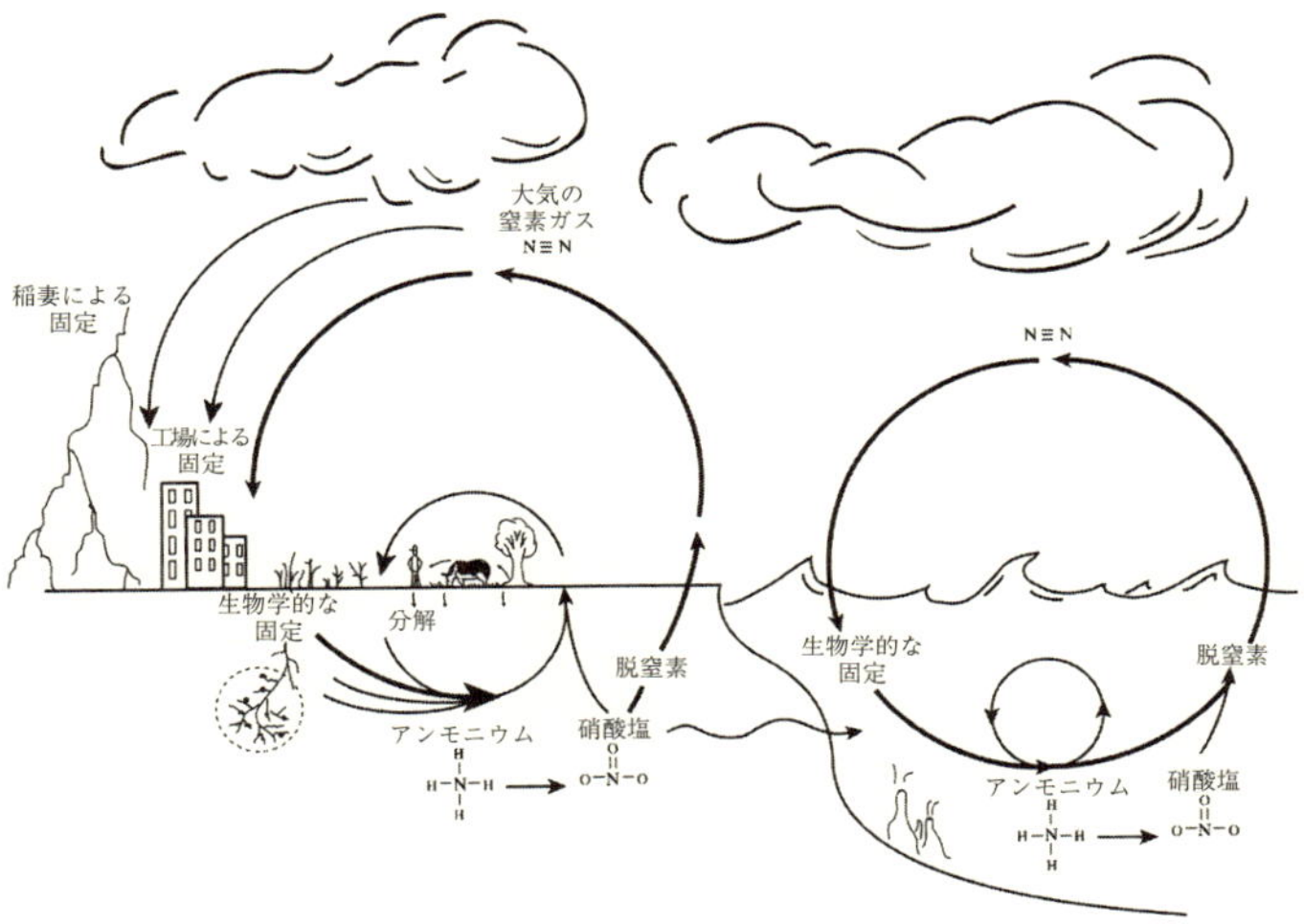

図4・2　地球の窒素循環の単純化した図式。Tamara Clark 描く。

したNO_3）に変えられる。硝酸塩はアンモニウムと違って土の粘土粒子と強く結合しないので、土壌中の植物や微生物が利用するより前に、雨によって地下水や川へ洗い流されてしまう。そして最後は海に流出する（図4・2）。

雨で洗い流されなかった土壌窒素も、そのかなりの部分はもう一つの方法で土地から逃れ出てしまう。脱窒素細菌と呼ばれる非常に特殊な細菌の働きによって、窒素ガス（N_2）に戻されるのだ。脱窒素細菌は浸水した土壌で最も活発な活動を行うが、酸素が欠乏した高密度の土の塊の内部のように乾いた環境でも見られる。脱窒素細菌は無気呼吸の副産物としてN_2を生産する。我々が呼吸する二原子の酸素ガス（O_2）の代わりに、硝酸塩の酸素原子を用いているのだ。

地球規模で見ると、脱窒素細菌は土壌（そして海洋）の窒素を大量に大気に送り込む。この過程を窒素固定細菌の多大な努力に逆行するものと考えると、地球の生命にとって悪いことのように思われるかもしれない。しかし実のところ、窒素を捕らえる脱窒素細菌がいなければ、地球の窒素のかなりの部分が硝酸塩の形で海に流出して陸の生物が利用できなくなってしまう。海洋生物はこの硝酸塩をいくらか利用することができるが、海洋の生命には鉄その他の元素が不足しているので、それをすべて利用することはできない。

脱窒素細菌は内部循環系から漏れた窒素が海に流出して長期間失われる前にそれを集める清掃隊のようなものだ。硝酸塩をN_2ガスに戻すことによって、大気中の窒素が補充されて窒素循環系の外側の環がつながることになる。脱窒素細菌がいなければ窒素の流れは片道切符となり、大気から生物圏に、そして最後には硝酸塩の形で海に蓄積する。長期的にみると、地球上の生命は窒素固定細菌と同じくらい脱窒素細菌にも依存していることになるのだ。

科学者たちが窒素循環の経路を繋ぎ合わせ始めた二〇世紀初頭、彼らはパニックに襲われた。堆肥や採掘された埋蔵窒素だけでは急増する人口を支えるだけの肥料を十分に作れないという警告が発せられたのだ。一九〇〇年代初期に英国の著名な科学者サー・ウィリアム・クルークスがロンドン王立協会に向けた演説の中で荒涼たる光景を描き出して大量飢餓を警告したことで、その懸念にかなりの信憑性が与えられた。我々の運命はN_2ガスから利用可能な窒素を作り出せるわずか数種類の土壌微生物、窒素固定細菌の活動にかかっているというのだ。

しかし一般大衆と政治家の注目を集めたのは、ヨーロッパに差し迫っていた戦争だった。窒素はトリニトロトルエン（TNT）を始め戦争で利用される爆発物の重要な原料だった（例外は核兵器だったが、これは今日もほぼ同じ状態である）。従って窒素の供給は国家の安全に関する緊急事項だった。当時、農業および軍事に利用される窒素は、どちらもチリ南部沿岸沖の小さな島が唯一の重要な供給地だった。その島の気候は異常に乾燥して寒く、営巣する海鳥のグアノが硝酸塩として何万年間も堆積し続けていた。しかしチリの埋蔵物はかなり掘り尽くされてきて、代替物が見つからなければ数年間で完全に底をつく状態だった。

そこで二〇世紀初頭の一〇年間には、地下の窒素固定細菌が何十億年間もやってきたこと、つまり

N_2ガスからアンモニウムを作る方法を解明する競争が始まった（アンモニウムさえ得られれば、硝酸塩や肥料を作る工業的方法はすでに知られていた）。アンモニウムが底をつくという脅威が、人間に窒素固定の能力を進化させる事実上の淘汰圧になった。最も優秀な頭脳がこの問題に結集され、企業や政府機関の資金が注ぎ込まれた。当時、ドイツには世界に誇る最新式の物理学や化学の研究所があり、解決策を見つけた科学者もそのうちの一つから登場した。

彼の名前はフリッツ・ハーバー。しかし彼がN_2ガスからアンモニウムを得た最初の化学者だと言ってしまうと少々語弊があるかもしれない。正確に言うと、彼はアンモニウムを作る過程で実験室を吹っ飛ばさずに済んだ最初の人物で、量産できる十分な収量が得られる方法を開発したのだ。ハーバーと同時代の有名なドイツの物理学者ヴァルター・ネルンストもこの問題に取り組んでいた。二者の間にはいくらかの競争があった。ネルンストは熱力学の第三法則を考え出したことですでに有名になっていた。ハーバーは彼よりも四歳若く、彼同様に熱心な研究者だったが、当時はまだそれほど知られていなかった。ネルンストは優れた理論家だったが、ハーバーは化学の実用技術に才能があり、彼が考案したアンモニア合成法はより高い収量を上げることができた（ネルンストは最初、ハーバーの結果が理論的に不可能だと言ったが、ネルンストが計算に用いたある定数が間違っていたことが数年後に明らかになった）。

ハーバーのアンモニウムは触媒に用いる金属の種類を変えたり、高温高圧に耐える新しいタイプの容器を用いるなどして改良を加える度に収量が増加した。一九〇九年に合成方法の特許をとった彼は、初の商業的なアンモニア生産を始める手筈を整えた。窒素危機はまもなく幕を閉じ、ハーバーは発明による経済的専門的な利益が収穫できるようになった。

「窒素を固定した男」の才能は第一次世界大戦時にまったく異なる方向に向けられた。ハーバーはドイツの化学兵器開発の先頭に立つように要請されたのだ。彼は誠実な愛国者だったので同意した。そして化学兵器の恐怖が戦争の短期終結をもたらして全体的な苦しみを減少させるという考えで、自分の決断を正当化しようとした。他の科学者たちはそれを見て愕然とした。一九一九年に彼が窒素固定の研究に対してノーベル化学賞を受賞すると、同じ年に賞を受けたフランス人の中には彼が「その

図4・3　フリッツ・ハーバー。「窒素を固定した男」。ハーバーはこの研究に対して1919年にノーベル化学賞を与えられた。Tom and Maria Eisnerの厚意による。

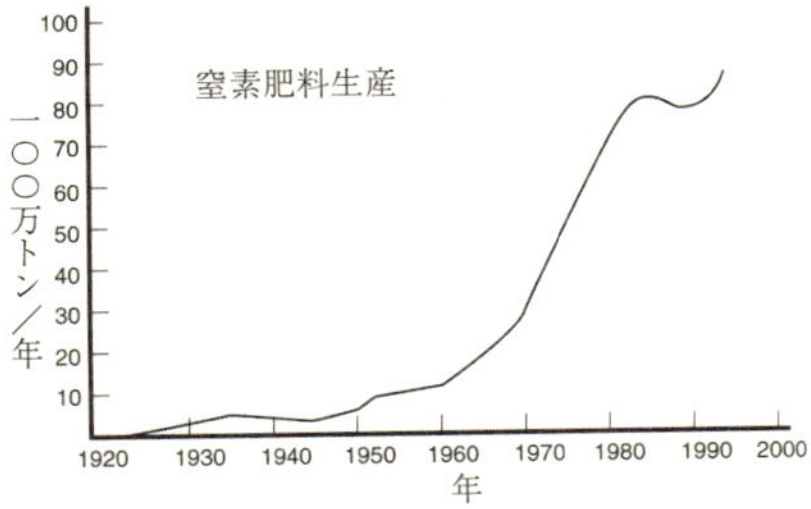

図4.4　窒素肥料の年間生産高。データはwww.fertilezer.orgから。

名誉には道徳的にふさわしくない」と抗議して賞を辞退した者もいた。
誤解されてドイツ国外から閉め出されたが、ハーバーは活発に研究を続けて、優秀な若い科学者を育て上げた。しかし、一九三〇年代にナチスが勢力を強めると、ユダヤ系の先祖を持つハーバーも次第に暮らし難さを感じるようになった。地位の高い物理学者であったマックス・プランクは、ヒトラーと言葉を交わした際にハーバーを始めとするユダヤ系科学者たちを弁護しようとしたと言われている。ヒトラーは「もしもユダヤ系科学者の解任が近代ドイツの科学の壊滅を意味するのなら、数年間は科学無しでやっていくことにしよう」と答えたそうである。
ハーバーは一九三三年に愛する祖国から逃げ出さざるを得なくなった。しかし第一次世界大戦時の活動が災いして、まだヨーロッパ各国では歓迎されなかった。流浪を始めて一年も経たない一九三四年一月二九日に、就寝中のハーバーは心臓発作を起こしてスイスのバーゼルで死亡した。一八年後の一九五二年にドイツのダーレムにあるカイザー・ヴィルヘルム研究所［ただし一九四五年にマックス・プランク研究所と改名］で、ある記念碑が捧げられた。その一部には次のように記されている。

ハーバーは農業の発展および人類の幸福をもたらす極めて重要な手段の発見者として歴史に名を残すであろう。彼は空気からパンを得て自国および全人類に勝利を勝ち取った。

それから一世紀近く代替方法を探し求めてきたが、今日でもハーバーの方法が経済的に実行可能な唯一の合成窒素肥料の生産方法となっている。我々人間は、驚異的なニトロゲナーゼ酵素を用いる微生物のように室温で窒素を固定する方法をまだ見いだしていない。ハーバー法には大量のエネルギー、約五〇〇℃の高温、数百気圧の圧力（海水面における大気圧の数百倍）が必要とされる。窒素肥料工場の建設には何億ドルという多額の資金が必要だ。

ハーバー法は多大な資金とエネルギーを消費するにもかかわらず、窒素要求量は非常に大きいので、この方法が発表されて以来工業的に固定された窒素の量は、約六年ごとに倍増している（図４・４）。合衆国では作付システムで必要とされる窒素肥料の九〇パーセント以上が、人工合成された窒素肥料でまかなわれている。今日地球規模で見ると人間がハーバー法で固定する窒素量は、土壌に生息する窒素固定細菌全部が固定する窒素を上回っている。言い換えると、我々は重大なやり方で窒素循環に割り込んでいるのだ。しかし我々は正当な理由でそうしてきた。どの時期をとっても、人口の最低三分の一はハーバー法で食物を与えられていると考えられるからである。

ハーバー法は飢えた世界に食物を与える助けになったが、それは同時にもっとも重大な環境的脅威を生み出した。土壌、空気、水系に窒素汚染物質が過剰に混入するようになったのだ。もしも肥料をより効果的に用いることができれば、あるいは窒素投入量を増やすことで維持されるようになった人間や家畜から生じてくる窒素に富む有機排泄物をリサイクルできれば、この環境問題は最小限にくい止められるだろう。しかし残念なことに、毎年我々が農場、庭、家庭菜園、ゴルフ場などに投入する窒素は、三分の一から半分しか植物に吸収されないのだ。残りのほとんどのものは硝酸塩として地下水、河口、そして海洋に流れ込んでいる。

飲用水に含まれた高濃度の窒素は人間、とりわけ幼児、そして他の動物にも有害である。河川、淡水湖、河口に硝酸塩が流れ込むと食物連鎖のバランスが崩れて、富栄養化という好ましくない状態に陥る。硝酸塩は藻類を始めさまざまの水中の微生物を大量発生させ、これが水路を塞ぎ、水の透明度を低下させ、水中の酸素を大部分使い尽くしてしまうので、他の生物種はほとんど生き残れなくなる。窒素過剰による富栄養化は、もとの自然のままの港湾や海水を魚の住めない緑色に濁った汚水に変えてしまう。そこではごくわずかな動植物種しか生きることができない。

人間による窒素投入量の急増は、地球規模の窒素循環全体を加速化した。循環が速くなり、一回り当たりの循環量が大幅に増加することによって、流出する窒素の量も急増する。問題となるのは硝酸塩だけではない。最近では二酸化窒素（NO_2）と呼ばれるガス状の窒素が心配されている。二酸化窒素は成層圏のオゾン層の破壊、「酸性雨」、そして二酸化炭素の三〇〇倍も強力な「温室効果」をもたらす可能性がある。このガスは脱窒素の過程とアンモニウムから硝酸塩に至る変換過程の中間段階で、ごく微量に流出する。この変換をもたらす微生物の量が増加するにつれて（人間が大量に投入した窒素に応じて）、大気に放出される二酸化窒素の量が増えてきた。大気に含まれる二酸化窒素濃度の増加量（この五〇年間で約二九〇ｐｐｂから三一〇ｐｐｂになった）は、人間による窒素固定活動の増加に平行している。

我々はこのような窒素による汚染の問題を予知できたのだろうか。今から振り返れば容易に考えられるのだが、実のところ硝酸塩と二酸化窒素の問題は、二〇世紀後半になって始めてはっきりしてきた。それ以前に危険性に気付いていたのは一握りの科学者にすぎず、彼らの声に耳を傾ける者はいなかった。しかし早い段階で警告が発せられていたとしても、急増する人口の食糧および栄養要求を満たすために利用していたハーバー法を止めることができただろうか。

そのような疑問をあれこれ考えるよりも、解決策を考える方がおそらくはるかに重要だろう。多くの人々は正にその通りのことを行っている。農学や農業に従事する人々は地下水、河川、湖水に流れ出る硝酸塩の量を最小限にくい止める方法の追求に力を合わせている。努力は多くの方面にわたっている。当初は教育、つまり農家の人々に窒素肥料の過剰投与が非経済的であるばかりか環境に有害だという意識を育てることに重点が置かれていた。それに続いて、窒素肥料の正確な使用量と植物の吸収量の効率を上げることを目的にした共同研究が行われるようになった。農家の人々は作物を植える前に肥料を大量に施す無駄の多い方法でなく、作物が育つにつれて必要量を「一匙ずつあたえる」方法を学んでいる。また、すでに試験的にいくつかの地域で用いられていることだが、GPS（衛星利用測位システム）のデータを利用して農場土壌の養分の状態を高分解能の地図に記す面白い技術もある。この情報はトラクターに積んだコンピュータに送り込まれ、トラクターは畑を一フィート進むごとに施肥量を変えてゆくのだ。また時代遅れの技術にも改良が加えられている。マメ科植物と窒素固定細菌にも遺伝的改良が加えられるようになり、「緑肥」が再び輪作されるようになってきた。硝酸塩が地下水に流出する前にそれを吸収する深く発達した根系を持つ「捕獲作物」を輪作に組み込む人々もいる。最後にまた、遺伝学者たちは世界の主要作物の窒素要求量を減らしたいと考えている。

人間の知恵はいつも人々に食物を与える方法を見いだしてきた。我々が窒素循環に手を加えた結果生み出された環境問題も、同じ人間の知恵で解決できるだろう。この一世紀の間に我々が行ってきた窒素固定によって、地球が維持できる生命の環境容量は著しく大きくなった。その生命、そして自然環境の質を維持してゆきたければ、我々は自分たちが固定する窒素をよりよく、より効果的に管理する方法を見いださなければならない。

第5章　地下の結びつき

「情報スーパーハイウェイ」という語をよく耳にするようになった当節、私たちは創意に富んだ菌類の祖先を見習うべきだろう。彼らはすでに四億年間地上で伝達のネットワークを営んできたのだ。

リン・マーギュリス。マークおよびダイアナ・マクメナミン『ハイパーシー』への序文（一九九四）

何世紀にもわたって、自然主義者や詩人は生物の間にある関係を直感的に感じてそれを言葉で表そうとした。今日ではその関係が本当に実在する奥深いものであることを科学が解明しつつある。もしも森林、草地その他生態系の足許で起きていることを何もかも目撃できるとしたら、クモの巣のように張り巡らされた菌糸がさまざまの植物の根をつないでいる光景がもっとも印象的かもしれない。海中あるいは地底以外の場所で発展する生命は植物と土壌菌類の共生に基礎を置いていることが、最近になってようやくわかってきた。それは窒素固定細菌とマメ科植物の関係のように、地球における生命の進化にとって基本的なことなのだ。今日では世界中ほとんどすべての植物種が、それぞれ独自のこうした菌類と結びつけられている。これらの菌類は、植物が光合成で生産する炭素や、エネルギーが豊富に含まれた糖類と引き替えに、植物が土壌（そして時には近くの植物）から水や養分を取り込むのを助けている。この関係は大昔に地表の生命が始まった頃から続いているのだ。

地表の植民が本格的に始まったのは、四億年あまり昔のデヴォン紀初期のことだった。地表への進出が始まるまでには三〇億年以上の準備期間があった。この間に、地表の生命維持に必要となる筈の地下の生物が確立した。地表の生活を最初に試みた光合成生物は、根のない緑色の藻のような生物として海からやってきた。言うまでもないが、海で生きていたこうした生物が地表で一旗揚げようとしてやってきたとき、それは相当の大仕事だった。ほとんどのものはしなびて枯れた。しかし一〇〇万年の間に、ごく僅かではあるが、土壌菌類とうまく関係を結んで生き残れるようになった最初の生物が現れた。菌類は根の代役を務めて、地下から取り出した水や養分をパートナーの藻類に供給し、その一方で藻類は地表でエネルギーを集めて光合成の産物を菌類に供給した。

このような最初の光合成生物の子孫は次第に進化して、自分自身の根を持つ原始的な植物になった。しかし菌類との共生はそこで終わったのではなかった。菌類と藻類が最初にさしあたり結合してから四億年以上経った今日でも、地球上どこに生えているものでも植物を引き抜いてみると、ほとんどの植物にあの有益な菌類の子孫が着いて育っているのに気づくだろう。多くの場合、根からぶら下がった糸のように繊細な菌糸を見るには顕微鏡と特殊な染色法を用いる必要がある。このような菌類と根の関係は、ギリシャ語のミコス（菌類、*mykos*）とリザ（根、*rhiza*）にちなんでミコリザ（マイコライザ、菌根）と呼ばれる。約二四万八、〇〇〇種の高等植物のうち九〇パーセント以上のものが、互いに有益なこの関係を続ける方が有利だと考えている。実のところ、大部分の植物種はその関係がなければ自然界で生きてゆけないだろう。

菌根の菌類は、植物に頼られているのと同じくらい植物に頼っている。ごく普通のタイプの菌類でも、複雑な糖類と栄養分を調合した培地を使っても培養できないものがある。こうした菌類は光合成の生産物ばかりでなく、まだ同定されていない重要な成長ホルモンも植物に頼っているのではないかと考えられている。

化石の記録から、菌根は陸生植物とほぼ同じ頃に進化してきたことが確かめられる。菌根独特の菌糸が枝分かれしている構造を、顕微鏡で見ることができるのだ。小さな樹木に似た樹枝状体（アーバスキュラー菌根。樹木を意味するラテン語の *arbor* に由来する）と呼ばれる構造が根の組織のすぐ内側に形成されて、宿主の植物と養分交換を行う仲立ちをする（図5・1）。一九九四年にスコットランドのアバディーンに近いライニーチャートと呼ばれる重要な遺跡の発掘現場から出た化石を再調査したところ、樹枝状体の痕跡が発見された。この化石が発見された岩の層は四億年ちょっと昔のものだった。菌類と共に原始的な陸生植物の先駆者となる生物も発見された。

遺伝子分析を行ったところ、この共生の長い歴史を示す新たな証拠が付け加えられた。樹枝状体の菌根から採取したリボソームRNAの配列を調べて進化的分類をしてみると、その起源は三億五、〇〇〇万〜四億六、〇〇〇万年前で、推定されていた最初の陸生植物の起源と一致することが、一九九〇年代初期に確認されたのだ。今日では北極地域の一部を除いた世界各地で樹枝状体の菌根が発見されており、宿主になる植物種は多様である。熱帯や温帯の草本、野の草花類のように樹木でないたいていの植物や、我々の重要な大部分の作物がこのタイプの菌根の宿主であるし、アザレア〔ツツジ類のヨーロッパ系統の栽培種を指す〕、リンゴ、ブドウ、ヒマラヤスギ、カエデ、トネリコその他木性の多年生のものや、多くの熱帯の樹木にも見られる。植物宿主から独立して生きる菌根はまだ一例も発見されていない。

また化石の記録と他のDNA研究によって、約一億六、〇〇〇万年前に外生菌根（外菌根）と呼ばれ

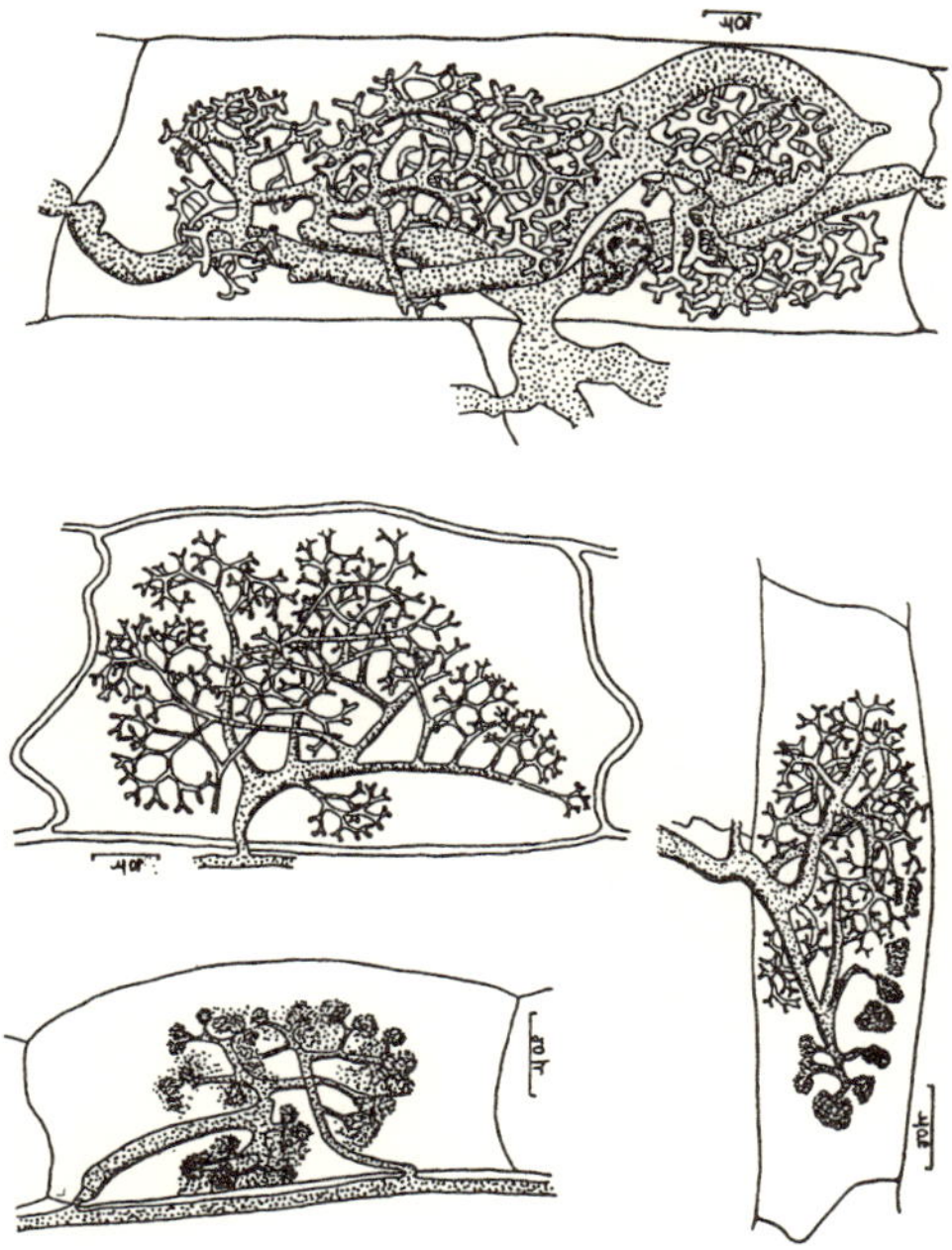

図5・1　樹枝状菌根の顕微鏡像。先駆的な研究者I・ガローが描き、*Revue General de Botanique* 17 (1905): Plate 4で最初に発表したもの。

る第二の主要な菌根菌類の群が進化してきたことも明らかになった（図5・2）。外生菌根の特徴は根の中に樹枝状体を作らない点で、絹糸のような菌糸は樹枝状菌根よりも根からさらに長く伸び出ている（しばしば数ヤードになる〔一ヤードは約〇・九メートル〕）。外生菌根は植物ホルモンを放出して、宿主植物の主根のあちらこちらに短くて太い分枝した小根の成長を促す。この特徴的な分枝した小根は長さ三ミリメートルほどあるので、顕微鏡がなくても野外で見分けることができる。外生菌根が共生する根は、植物組織の芯が菌糸で厚く覆われた構造をしている。そしてこの共生関係は温帯および北極地方の森林で重要な意味をもつ。経済的に重要なマツを始めとする針葉樹、オーク、ブナ、クリ、カバノキ等の材木用樹木と重要な共生関係を結んでいるのだ。植物宿主の数は、もっと古くからの樹枝状菌根ほど多くないが、地理的分布は広くて熱帯から極寒地に至る木性の多年生植物、そして数種類ではあるが多年生でない植物とも共生している。

外生菌根と、さらに古い樹枝状菌根の地理分布と宿主植物にはかなりの重複が見られる。両方のタイプの共生菌類が同じ森林、草地、あるいは畑に見られることもあり、同一植物上に見られることさえある。たとえばカエデやポプラの木は同時に両方の主要グループの宿主になることもある。一般に菌類と根の共生は、前述の窒素固定細菌ほど宿主特異性が強くない。また菌根菌は窒素固定細菌よりも自然界に広くたくさん分布している。菌根の研究を行う者は「菌根のない状態」を作るために土壌の滅菌を行う必要があるばかりか、温室に入る空気に浮遊している菌根の胞子で実験材料が汚染されないように、エアフィルターを使用する必要もある。

よくあるように菌根の発見も偶然の産物だった。発見への道は一八八〇年ころプロイセンの国王がベルリンにある農業専門学校のA・B・フランクに、こともあろうにトリュフの研究を依頼した時に始まった。これらの高価なキノコ（セイヨウショウロ）は、胞子を着ける子実体を地下に作る香りも値段も高い珍味で、ヨーロッパ西部の硬材林に生えてくる。トリュフにはその希少価値と独特な香りと味の良さから、当時も今と同じく非常に高い値段がつけられていた。プロイセン政府は、別の種で地上に子実体を作る普通の（ずっと値段の安い）「マッシュルーム（アガリクス・ブルンネセンス）」のように、商

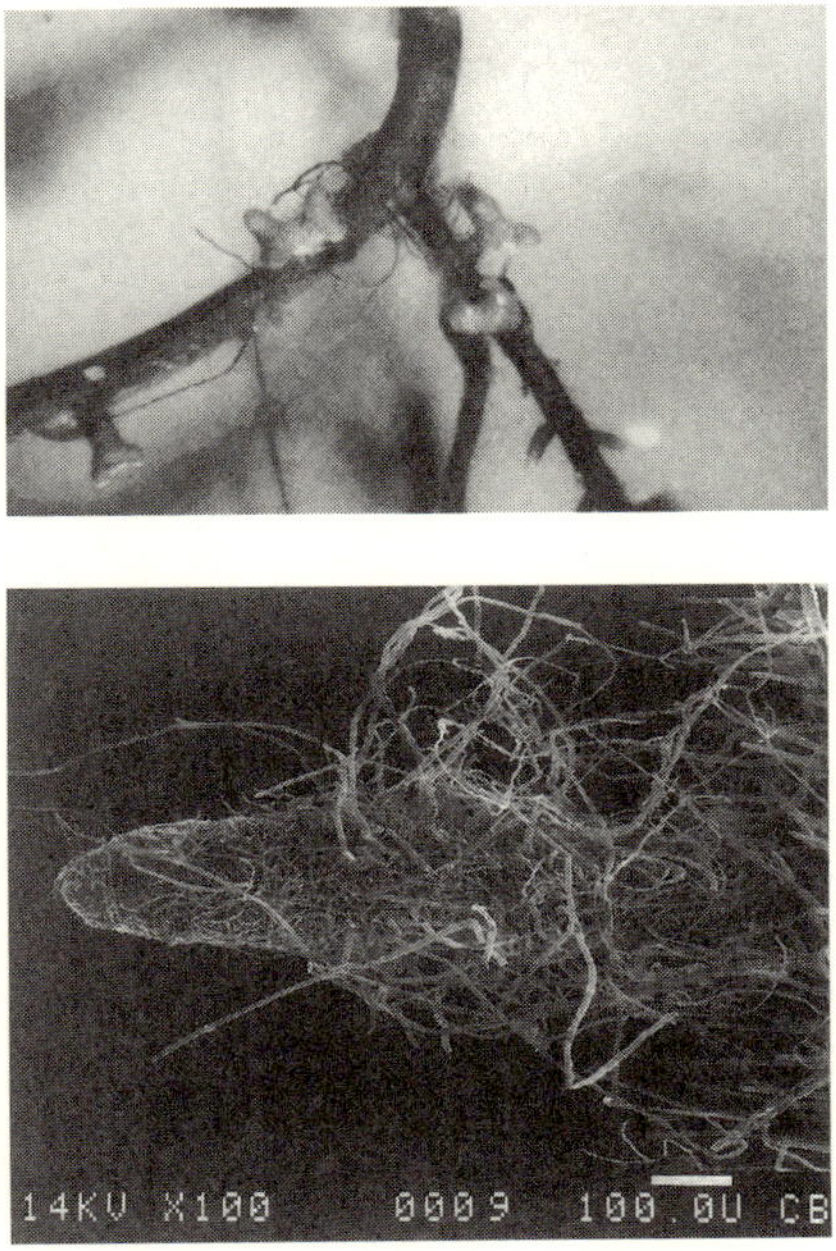

図5・2　マツの外生菌根（上）：短くて太い根が菌糸で覆われている特徴的な姿（コーネル大学の Ken Mudge の厚意による）。厚い菌根マットが、変形した根毛を囲んでいるところの拡大図（下、ノーザン・ブリティッシュ・コロンビア大学の Hugues Massicotte の厚意による）。

業規模でトリュフを栽培する方法を開発したかったのだ。

フランク教授はトリュフの商業的な栽培で惨めな敗北を期した（しかし彼に続いた多くの人々も同じ運命をたどることになった。だから今日でも、一ポンドのトリュフに一、〇〇〇ドル近く払う覚悟が必要なのだ）。食用トリュフには二種類ある。一つはドイツ、フランス、スペインに自生する「黒いトリュフ（トゥベル・メラノスポルム）」、またもう一つはイタリア北部の「白いトリュフ（トゥベル・マグナトゥム）」であり、どちらも非常に希少で、ローマ時代から食材として珍重されてきた。一五世紀のフランスでは、訓練して口輪をはめたブタに黒いペリゴール・トリュフを嗅ぎ当てさせていたという。今日では競争心に燃えるトリュフの狩人はブタの代わりにイヌを使って秘密の森林を探し回っているが、その他のことはあまり変わっていない。トリュフの狩人は訓練した動物を連れた人間だけではない。ノネズミその他の齧歯類動物も匂いで嗅ぎ当てたトリュフを地下の巣穴に持ち帰る。

しかしフランクが発見したある事実は、一世紀分の研究に値するほどのものだった。今日私たちはようやくその発見の真価を十分に理解し始めている。「私たちもそのように立派に失敗するべきだ」と今日の菌根研究の第一人者であるマイケル・アレンは言う。フランクは優れた観察力のある科学者で、トリュフが決して単独でなしに、オークやハシバミその他限られた樹木の近くに生えることを発見した。当初彼はトリュフが弱い寄生生物ではないかと疑ったが、行き届いた実験を注意深く行った結果から、地下にあるトリュフの菌糸とそれが住処にしている木の根が、互いに有益な共生関係にあることを突き止めた。この菌類と根の関係に「菌根」という語を与えたのはフランクで、彼は一八八五年に発表された古典的な論文の中でこの語を用いている。彼は菌根が「木の乳母《うば》として養分を与える働き」をしていると結論した。

フランク教授には菌根を発見した功績が与えられているが、科学史家によると彼の前にも他種の菌根を研究した者がいるということだ。フランクは彼以前のこの研究に気付いていたので、それが実験の決定的な基礎になったことは間違いない。一八八〇年代半ばには、小型で緑色を帯びていないシャクジョウソウ属の植物や別のラン科植物の根に菌類が生えているのが確認されていて、今日ではそれが菌根であることがわかっている。当時、研究者のうちには菌類と植物宿主の間に何らかの相互関係があるのではないかと疑う者もいたが、彼らの実験は結論を出すには至らず、その課題はフランクが登場するまで決着がついていなかった。フランクはトリュフの研究の他にもシャクジョウソウとそれに随伴している菌類の研究にかなりの時間を費やしており、この研究が菌根の働きを解明する手がかりを与えることとなった。

フランクを始め一九世紀の生物学者たちが発見した相互利益をもたらす根菌は、どれも外生菌根だった。これは最後に進化してきたものだったが、それが最初に発見されたからといってそれほど驚くべきことではなかった。この菌が作る太くて短い根と厚い菌糸の覆いは裸眼でも見ることができるからである。また、この菌は生殖体として地上にキノコを作るため、トリュフ以上に目につきやすい。

外生菌根がフランクによって発見されてから一〇年以内に、顕微鏡でしか見えない樹枝状菌根が発見されたことは非常に印象的である。当初、後者は寄生性だと考えられていた。一九〇五年にI・ガローというフランスの研究者が菌と根の相互関係を顕微鏡で観察して素晴らしい図を描き、それを発表した(図5・1)。彼はそれをエンド菌根(内生菌根)と呼んだ。この図は、もっとも古い型の菌根を目にする最初の機会を我々に与えてくれた。現代の教科書にもガローの描いた図を採用しているものがある。

根を持たない初期の緑藻と菌類の共生から植物の根が進化した可能性を推測する古生物学者もいる。二種類の生物の親密な共生から、両者が完全に統合されて一つの生物が生じてくる進化での展開については、他の場合に記載例がある。このような形の進化を早くから提唱してきた生物学者の一人であるリン・マーギュリスは、緑色植物の細胞に見られる葉緑体(光合成が行われる場所)が、大昔に光合成を行っていた藍色細菌(青緑細菌)と、大型の単細胞(真核性のもの)からなる生物の共生の結果として生じてきたと論じた。葉緑体は、自分の属する細胞の遺伝子[核のDNA]とは別の遺伝物質をもつことが発見されたが、その発見があっても、マーギュリスの「細胞共生」に懐疑的な者は多かった。最近になると葉緑体と藍色細菌(青緑細菌、「藍藻《らんそう》」)の遺伝物質のヌクレオチド配列の比較分析が行われた結果、驚くほどの類似性が発見されて、この問題はたいぶ決着がついてきた。今では、光合成を行う植物細胞が細胞共生の経路を経て進化してきたことを、ほとんどの人が受け入れるようになっている。しかし植物の根には細菌の遺伝物質の痕跡はまだ発見されておらず、根が菌類から進化したと考える植物学者は少ない。

一握りの植物の科が菌類との共生を離れてそこから独立を獲得するようになったのは、進化の上で比較的近年のことだった。例外の数は文字通り片手で数えられるほどしかなく、ホウレンソウやアカザで知られるアカザ科や、キャベツ、ブロッコリ、カラシナなどを含むアブラナ科や、アマランサスやアオゲイトウを含むヒユ科がある。これらの科の中にも、菌根と共生する種が含まれている。

温帯や熱帯地方の巨木の間を歩いたり、草地をハイキングしたり、庭の芝刈りをしたり、花壇や家庭菜園いじりをする時には、ぜひ辺りを見回してみよう。そこで目にするほとんどの植物は、右のような例外の三つの科に属するものでない限りは、地下で根菌と共生してその恩恵を受けて成長しているのだ。マイケル・アレンが「生態学的な危機」と呼ぶ水不足や養分不足の時期を植物が乗り切る上で、菌根はとりわけ重要な働きをしている。繊細でクモの巣のような菌糸のネットが地下になければ、森林にそびえ立つレッドウッド（セコイア）、オーク、マツ、ユーカリなどの樹木は、厳しい状況になると倒壊してしまう。どの巨木の根元にも菌類がいるのだ。他の植物についても同じことが言える。菌根は果樹園、ブドウ畑その他の耕作地からアフリカのサヴァンナ、ヒースが茂るスコットランドの原野、南米の雨林、アメリカ南西部の砂漠まで、地球上ほとんどすべての陸上生態系の基礎をなしている。

では菌根は何によって、炭素とエネルギーの二〇〜三〇パーセントも植物に貢がせているのだろうか。菌根は、植物が自分ではできない何をしてやっているのだろうか。この菌の特徴的な構造に、その秘密は隠されている。菌糸はもっとも細い根と比べても桁違いに細いので、他の方法では侵入できない土壌の隙間に潜り込むことができるのだ。この能力は、植物の根が水を吸い上げてもそれと一緒には移動できないリン、カリウム、銅、亜鉛のようなある種の養分を得る上で大きな助けになる。根毛は、もっとも細いものでも直径が二〇〜三〇マイクロメートル（腕に生えている毛と同じほどの太さ）であるのに対して、菌根の菌糸の直径は一〜二マイクロメートルにすぎない。

植物が活用できる土壌は、地中に住む相棒である菌類が繁殖するにつれて大幅に拡大される。菌根と共生する植物の根の周辺から一立方センチメートル（小さじ一杯ほど）の土を取り、そこにある根や根毛の切れ端を全部繋ぎ合わせると、長さは数インチ（数センチメートル〜一〇センチメートル）くらいだろう。ところが同じ容積に含まれる菌根の菌糸を完全にほぐすことができたとしたら、それは二〇〜四〇メートルの長さになるかもしれない。植物が対価を払っても、両者の関係にそれに見合うだけのものがあるのは、主として水や養分を求めて土壌を掘り進む菌根の優れた能力のおかげなのだ。菌根菌と植物の関係においてある種の場合には、植物の根は付着した菌をもっと深い部分に運ぶ乗り物の役割を果たす程度以上のことはあまりしていないのではないかと考えている分析家もある。

生態系によっては、菌根菌は受動的に養分を吸い上げる働きの他に、能動的な分解者として働いていることもある。分解に携わるその他多くの菌類と同様に、この菌根菌も木や有機物質を体の外側で「消化」する強力な酵素を放出できる。分解によって解放された養分が土壌に流出してしまう前に、菌類は素早くそれをさらって植物宿主に渡す。栄養循環のこの短縮経路は、雨が多くて植物が吸収する前に養分が根の周りから流失しやすい熱帯生態系では特に貴重なものだ。

菌根は、住み着いているそれぞれの根の機能を高めることの他に、異種植物の間をつないで水分、養分、その他の物質を運ぶ生きた連絡係の役割を果たすという証拠が、この数十年間に次々と挙げられている。菌根は前述の窒素固定細菌ほど宿主特異性が強くないので、しばしば植物から植物へ、種から種へと広がる。もちろん菌としては、ひたすら利己的な理由でそうしているにすぎないので、決して植物間にパイプラインを作ることを目的としているわけではない。菌類にしてみれば、どんな植物であれ自分を受け入れてくれるものに付着することが、［植物による］光合成の産物を最大限に取り入れる手段として有利なのだ。

菌根を通した養分の植物間移動は、一九六〇年代中ごろに行われた野外実験ではっきり実証された。研究者は放射能標識をつけたカルシウムとリンをカエデの切り株に与えてから、カルシウムとリンが、根に付着した菌根を経て隣の植物体に移動する様子を追跡した。それ以来、植物から植物へのカルシウム、リン、炭素、また窒素の移動がたくさんの植物種、たくさんの生態系で確認されている。

マメ科植物によって固定された大気中の窒素が、菌根の働きによって隣のマメ科でない植物に移動することもいくつかの研究で報告されている。クローバーやダイズからトウモロコシへの窒素移動も示されている。ある種のハンノキが固定した窒素の一五パーセントが、菌を通して近くのマツに運ばれた例も知られている。これは、それと知らずに行われた協力の驚くべき一現象だ。この場合には、窒素固定細菌とマメ科宿主植物の共生に加えて、菌根の菌糸がマメ科植物と非マメ科植物に同時に付着して両者のパイプラインの役割を果たす必要があるのだ。

菌根による植物から植物への地下経路の重要さはまだ議論の残る問題だが、ある生態系ではそのようなネットワークを通した資源の共有分が非常に大きいので植物社会全体が一つの「ギルド」として働き、個々の植物の区別があいまいになっている例も見られる。

この地下のネットワークはどれくらい大きいのだろうか。はっきりしたことは誰にもわからない。何種類もの植物や菌根が何エーカーもの土地でゆるやかに結びついていることも十分に考えられる。菌根を通して養分その他の物資を運べる最大距離はどれくらいか、そして植物間にどの程度の資源の共有をもたらすのかという二つの疑問はまだ解決されていない。個々の菌の広がりがかなり広い範囲にわたることはわかっている。外生菌根菌によって、直径数メートルに及ぶキノコの「妖精の輪（菌環）」がマツやオークなど宿主植物の周りに見られることもある。時には数百年になるかもしれない地下の菌が、地上に姿を現したものが妖精の輪なのだ。菌は中心点から徐々に外側に向けて成長し、胞子体であるキノコは、周辺部のもっとも元気な菌がいる部分からひょっこり姿を現すので、菌環という輪の形ができる。

土壌菌には非菌根型のものも発見されていて、そこには地球上でもっとも古くて大きい生物が含まれている。一九九二年にミシガン州で、フットボール競技場数個分に匹敵する広さの硬材林から、材を分解するアルミラリア・ブルボサ［ナラタケ属の一種］という菌が採取されその遺伝子分析が行われた。その結果、その菌が一、五〇〇年以上も遺伝的に安定した状態を保ってきた一個の生物体であることがわかった。この菌の個体としての重量は、シロナガスクジラに匹敵する一〇万キログラム（一〇〇トン）と推測された。有益な菌根では、今のところこれに張り合うほど巨大な怪物は発見されていないが、根から根へ、植物から植物へとネットワークを結ぶ一連の菌根が、非常に広い範囲にひろがりうることは間違いないだろう。

菌糸によって植物同士の間に物理的なつながりができない場合にも、植物個体と菌類の間でどこにでも見られる菌根による共生は、地下の生物活動と地表の生物を結びつけるのに重要な役割を果たしている。もっとも大きく見ると、この共生によって地上の生命は土壌に蓄積された水や養分を入手しやすくなる一方で、地下の生命には、植物が集めた炭素とエネルギーが供給されやすくなる。ほとんどすべての陸上生態系の生産性は、地上と地下の間でのエネルギーと水と養分の交換の上に成り立っている。

私たちが菌根について知るようになってから一〇〇年以上経っているが、陸上生態系における機能、そして陸生植物の進化における重要な役割が十分理解されるようになったのはごく最近のことだ。二〇世紀の大半の間、ほとんどの科学者は種間の協力に関して懐疑的だった。菌根の報告は興味をそそるものではあったが孤立した事例で、特殊な環境状況でのみ生態学的に重要性があると考えられていた。私が大学院生だった一九八〇年代初期には、わずかな生態学者たちが菌根がひろく見られることとその重要性が過小評価されていることに気づき始めたのだが、教科書にそれが取り上げられるようになったのはこの一〇年間のことにすぎない。

科学者たちは長らく、互恵的な共生の共進化と、二〇世紀に発見された遺伝子作用の「利己的」振舞いの間に折り合いをつけるのに苦労してきた。また一九七〇年、八〇年代に生態学で新顔だった数学モデルは、二種間の互恵的な共生が本質的に不安定であることを「証明」した。そしてそのコンピュータ・シミュレーションは種間の協力がほとんど成功しないという結論を出した。少なくとも短期間の個体レベルでは、つまり進化の力が働くレベルでは、「騙す作用」の方が有利に働くからだという。

それから二〇年も経たない今日、私たちの考え方は完全に変わってきた。これには、菌根と植物の協同の本質的な機能と遍在を実証する証拠が積み重ねられてきたことも手伝っている。そうした研究は主として一九七〇年代と八〇年代に、一握りの熱心な土壌生態学者が行ったものだった。彼らは根菌の研究が難解で無意味だという大多数の意見に説き伏せられるような人々ではなかった。試料を正しく扱って完全な状態を保てば、元気な木の根があるところには活性のある菌根が共生していることを彼らは繰り返し実証した。

遺伝学的な証拠――「ケーキの仕上げ糖衣」――が得られるようになったのは、ようやく近年のことだ。今日の技術を用いれば、少量の根や土壌のサンプルをすり潰してDNA片を分離することができる。もしそこに菌根のDNAが含まれていれば、それは混合物に加えた既知の菌根DNAの「指紋」ヌクレオチドと対合するだろう。この方法は一見複雑そうに聞こえるし実際複雑でもあるが、今日の機械化された遺伝子分析技術を使えば、退屈な顕微鏡観察に比べてはるかに速い。さらに重要なことには、今では誤った扱いで菌を失ったり殺してしまった場合にも、その同定ができるようになった。

今日ひろく受入れられているところでは、九〇パーセント近い植物種が菌根によって菌類と関係をもっているだろう。こうした地下の共生が普及していること、そしてそこに奥深い重要性があるという認識は、土壌生態学の範囲を超えて影響を及ぼしてきた。進化の諸力についての我々の知識や、種間の相互作用を描写するのに用いる数学モデルは、この研究の結果として完成を見るようになった。いまでは進化生物学者は、「利己的遺伝子が采配を握っていても、手際のいい奴らはさっさと仕事が片付けられる」と『利己的遺伝子』の著者リチャード・ドーキンスがうまく表現している見方を認めるようになった。

生態学者が用いる数学的な個体群モデルも、この現実を反映するように改良が重ねられている。初期のモデルはたいていが平衡状態のモデルであり、自然界は種の個体群レベルに関して多かれ少なかれ安定状態に達しているとする考えに立っていた。今日では、実世界には新種の侵入、劇的な気候変化、森林火災、伝染病など自然の撹乱が多すぎて平衡状態に達するのが難しいという事実が、より大きく評価されるようになっている。そうした撹乱が日常のことであれば、我々の数学モデルにおいても自然の世界でも協力は長く続くし、しばしば優勢にもなるだろうと判明してきたのだ。また共生関係にある二種のうち片方を捕食する第三の種が介入すると、二種のうち一方の優位状態が妨げられることもわかってきた（たとえば自然界で菌根を栄養源とすることの多いトビムシのような小さな土中の節足動物は、あるいは菌根が宿主植物に対して病害を及ぼすほどにならないように抑えているのかもしれない)。共生関係にある二種が植物と菌類のように寸法や形態で著しく異なっている場合には、ある程度の「ごまかし」も許容されるという事実も考慮に入れて、新しいモデルが作り直されている。こうした数々の変化を通して、数学モデルで予測されるシミュレーションの世界は、共生が明らかにひろく行き渡っている現実の世界に、よりよく見合うものとなってきた。

第6章　卑小なものの偉大な意味

ミミズは世界の歴史において、たいていの人が最初考えていたよりも重要な役割を演じてきた。
チャールズ・ダーウィン
『ミミズの作用による植物腐植土の形成』(一八八一)

一世紀以上昔のある夜、フランク教授が共生菌根菌を発見する何年か前のことだった。一人のイギリスの老科学者が、地下に住むもう一つの生命形態であるミミズの研究をまとめていた。健康の思わしくない彼だったが、大きなオークの机にかがみ込んで、革表紙のノートにせかせか何か書き込んでいた。その書斎は彼の実験室でもあった。机の上にはいろんな解剖器具、顕微鏡、定規、未開封の書簡、山積みにされた本、キャベツをかじっている大きなミミズなどが散らばっていた。

彼が取り組んでいた実験は、ありふれたツリミミズの餌の好みを突き止めることを目指すものだった。いかにもありふれた課題だが、しかしこの科学者は、ありふれたものをそれだけに終らせないことを知っていた。彼は謙虚な人間だったが、ありふれたものを注意深く観察することから貴重な洞察を引き出す能力には自信があった。

土とミミズを入れてガラスで蓋をした容器が壁の棚に並んでいた。容器は部屋の家具の間にも詰め込まれていた。この実験は彼が一生をかけたプロジェクトの仕上げなのだ。その途中で、あちこちとずいぶん寄り道もしたが、自分が研究を続けられない体になる前にそれを完成できるだろうと、いまでは楽観していた。

のちほどの計画のために、彼はノートに次のように書きつけた。「食物の好み=味覚?」。ちょっとの間顔を上げて、刺すような痛みが胸に広がっておさまるまで顔をしかめて、それからまた仕事に戻った。健康を気遣う妻のエマがやってきてこの日の仕事を止めさせる前に、この一連の観察を終えたかったのだ。

彼の実験の結果から、ミミズは赤キャベツよりも緑のキャベツ、両方のキャベツよりもセロリ、そして何よりもニンジンを好むことは明らかだった。埋めておいた腐ったキャベツやタマネギをミミズが探し当てて「うまそうに平らげる」ことも、すでに観察していた。彼は自然の中でミミズが枯れ葉を探す様子も詳しく記録に残している。ミミズはたいていの場合は葉の先端を摑み、数インチ離れた巣穴に引きずり込む。すると葉柄の部分は巣穴の入り口から突き出した状態になる。ミミズはそれからゆっくりと葉の食事にとりかかる。このように巣穴を栓でふさぐ行動はミミズのもっとも強い本能の一つであり、捕食者から身を守ったり、あるいは豪雨の浸み込みを防ぐなどの機能を果たしているのかもしれない。彼はミミズが効率的に葉を集める様子に感心して、これは何か知性の表れではないかと疑うほどだった。そして紙を色々な三角形に切り、ミミズがこの人工的な木の葉の扱いを素早く

「学ぶ」ことを発見した。

ノックの音で彼の思考は中断された。妻のエマだった。

「お客様がおいでですよ」と言った彼女の口調には、今日の仕事はもうお終いですよという意味も込められていた。彼は客人が夕食に訪れることをすっかり忘れていたのだ。

二人の紳士が入ってくる気配に、ダーウィンはゆっくり振り返って腰を上げた。高齢で健康に問題を抱えていたにもかかわらず、彼はそびえ立つような体格の持ち主で、静かな力強さが感じられた。長い白髪、白くふさふさした顎ひげ、鋭い青い瞳が堂々とした風采を与えていた。

二人の客人は医師で、しかしむしろ当時の重要な政治改革者だった。しかし高名な彼らでも、この穏やかな老人と面と向かうと畏敬の念を感じるようだった。緊張感とかすかな畏敬の念が彼らの表情に見て取れた。

エマが、ぎこちない沈黙を破った。「主人を紹介致します。チャールズ・ダーウィンでございます」。

彼らは一人ずつ、おずおずと進み出て、頭を下げて握手をした。


人類の歴史において、我々を取り巻く世界の認識、そしてその世界における我々の立場にチャールズ・ダーウィンほど大きな衝撃を及ぼした人物はいないと言ってもよいだろう。彼の研究の重要性は、存命中にもある程度認められていた。それならばなぜダーウィンのように高名な科学者が、まるで取るに足りないと思われるような課題、つまり下等なミミズの行動などに晩年の時間を費やしているのだろうか。年寄りの気まぐれなのか。あるいは『種の起源』と『人間の由来』の発表から以後何年も耐えてきた論争の嵐からの逃避でもあったのだろうか。

実のところ、ダーウィンはミミズをとるに足りないものとは考えていなかったのだ。ミミズへの関心は、彼の全研究生活を通してずっと続いていた。歴史家によると、その関心はあの有名なビーグル号の五年間の航海から戻って間もない一八三七年に始まったと考えられている。当時、若いダーウィンは『種の起源』をまだ書いていなかった。また進化や自然選択の概念にも、完全な形を取らせるには至っていなかった。彼はスタフォードシャーにある伯父ジョサイア・ウェッジウッドの田舎の家を

図6・1　晩年のチャールズ・ダーウィン。ミミズの研究を完成させていたころである。Wellcome Trust, London の厚意による。

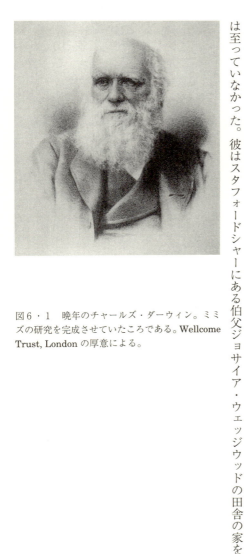

訪れて休息をとった。ある日ジョス伯父さんと散歩をしていたダーウィンは、何も植えていない花壇のあたりを通りかかった。数年前ここに石灰と灰を撒いておいたが、今では数インチの「糞土」、つまりミミズが消化した有機物質や土で覆われていると伯父は話した。いつも大陸規模の科学問題に興味を持っていた甥が、このような園芸の些事に関心を持つとは予想もしていないことだった。しかしチャールズの最初の専門教育とまた彼の興味も、かなりの部分は地質学に関するものであり、ミミズが十分な時間さえかければ地表の光景に及ぼすその影響の大きさを目のあたりにして驚いた。ダーウィンの時代に発表されていたミミズの文献によると、この生物は園芸愛好家や農家の人々にとって多少の厄介ものになることもある程度のものでしかなかったのだ。

一八三七年一一月一日に、ダーウィンはミミズによる土壌形成に関する初期の観察結果の要約を地質学協会に提出した。これは、この名誉ある団体に提出した最初の文書だった。それはまたこの協会の紀要にも載った。それから四〇年以上を経た一八八一年に偉大な博物学者はミミズの研究を完成させて、その結果を最後の著書『ミミズの作用による植物腐植土の形成』に発表した。この本は最初の数週間で数千部と驚異的な売れ行きを見せたが、それは内容の魅力よりも、おそらく著者の評判によるところが大きかったのだろう。風刺漫画誌『パンチ』はこの有名な科学者をねたにして、「人間はミミズにほかならない」と題したなかなか面白いものを一八八二年に載せた。それにはミミズからサル、人間、そして老ダーウィンへと漸進する進化を描いた挿絵がついていた。

今日一般の人々にはほとんど読まれることのない『ミミズと土』だが、生態学者や土壌学者たちは少なくともそれを意識に留めている。この本が彼らの研究分野の発展に寄与したものだからである。ミミズに関するダーウィンの論文は、生物が物理的環境に及ぼす影響を明確に記録した最初の例の一つと認識されている。ダーウィンは『ミミズ』の中で、進化や地質学の著作にも反映されている一つのテーマ、つまりほとんど認められないほどの量的な変化が長い間に蓄積して重要な変化を我々の世界にもたらすということに執着し続けていた。ダーウィンに母なる自然の扉を開いた鍵そして彼の才能を開いた鍵は、想像力をひろげて何千年、何千世紀もの地質学的な時間にまでわたらせるその能力だった。

図6・2　『パンチ』誌1881年12月６日号の風刺画。ダーウィンがミミズに関心をもつことをからかっている。

ダーウィンの最後の著書の出版一〇〇周年を祝う会が、一九八一年にミミズ生態学の国際シンポジウムとして開かれた。このシンポジウムの主催者で報告集の編者であるJ・E・サッチェルの言葉を借りると、イギリスで開催されたこの会議には「アドレナリンが体内を駆け巡る熱血集団の研究者たち」が一五〇名以上参加した。会合で発表された論文の中には土地改良や廃棄物管理におけるミミズ利用のように、ダーウィンが考慮に入れなかった問題もあった。しかしかなりの数の論文は、要するにより高度な科学的技法を用いてダーウィンの発見を裏づけようとするものだった。ダーウィンの研究は時の試練に耐えることができたのだ。彼は結論に達する前に反駁の余地のない証拠を集める忍耐力をもち、理論を立てるにあたっては個人的な偏りなしに几帳面に事実にもとづいていたからである。もちろん科学者たるもの誰しも、その研究にあたってこの種の忍耐と誠実さを目指している。ダーウィンはただ、たいていの人よりもそれを見事にやってのけたのだ。

ダーウィンの本が出る前には、ミミズのもたらす利益に気づく人はほとんどいなかったのを理解しておくことが重要だ。本が出版された後に『カントリー・ジェントルマン』という農民向けの雑誌の一八八一年二月二日号に載った書評は、ミミズが植木鉢に植えた植物に害を及ぼすのは常識だということから、ダーウィンの考えを却下するものだった。

今日ではその反対に、ミミズは園芸愛好家や農家の人々にほとんど崇められていると言ってもよいほどだ。彼らはミミズを健康で生産性のある土壌のアイコン（象徴図像）と考えている。こうした考えは、作物生産や土地管理に直接関わる人々の範囲をはるかに超えて私たちの文化に浸透している。しがない小さなミミズが、我々の仲間生物のうちでももっとも価値があり高く評価されるものだけに用意された台座に祭り上げられているのだ。

小さな子供たちはいつもミミズが這い回る様子に魅せられ、この虫についてかなりのことを知っているようだ。ミミズの行動や生理学の特徴に関する情報、そして土壌管理人としての役割に対する正しい認識は民話のように代々伝えられてゆく。

多くの人々が子供時代に学ぶミミズ雑学の一つは、ミミズの個体が雌雄両方だということである（雌雄同体）。雌雄同体だからミミズは別の個体と交尾することがなく、つまらない性生活を送るといった誤った考えを持ったままだとしたら、事実関係を明らかにしておかなければならない。ほとんどのミミズは一年中性に活発であり、同種の仲間と日常的に交尾している。たしかに中には無性生殖できる種類もあるが、それはむしろ例外である。よくみかける普通のミミズを含めてほとんどのものは有性生殖しかできない。典型的な「性の抱擁」は一時間近くに及ぶ。その間どちらの個体も雄雌両方の性的経験が楽しめるので（何と！）、彼らは決して急いだりしないのだ。この部分に関してダーウィンは触れていない。なんといっても彼の時代はまだヴィクトリア朝時代だったのだ。しかし彼も「光を恐れることをしばらく忘れるほど性の情熱が強い」ことには気づいていた。

交尾中のミミズは雄の生殖孔と雌の環帯部分を合わせるために、成人指定の映画流に、頭を互いに逆方向に向けて腹を合わせる。雄雌の性器が両方とも、体の中央に近い体節部分にあるのだ。この環帯はかすかにふくらんだ部分なので、簡単に見分けがつく。交尾中のミミズは精液の交換を行うためにぴったりくっつく必要がある。そのためには二匹のミミズは内側に曲がって、環帯付近の節から出ている尖って溝のある剛毛と呼ばれる毛で相手を突き刺して互いに相手を摑む。大量の粘液が分泌されて、一回の出会いで数回抱き合っては放す行動が繰り返されることもある。

交尾が終わると、それぞれの個体は環帯を覆う特殊な液体を分泌する。液体の外側部分は乾くと固くなる。するとミミズは体をくねらせ後ずざりして、固く管となったものを頭の先端から脱ぎ去る（図6・3）。完全に抜けてしまうと、固くなった管の端は閉じてレモン型の繭ができる。繭の中には環帯の分泌腺で作られる栄養液とともに卵と精子も入っている。受精は交尾後、親虫の体外の繭の中で起こる。典型的な繭には一〜二〇匹の子ミミズが入っているが、一、二匹以上生き残ることは稀である。種類や環境条件にもよるが、孵化するまでには数週間から五か月かかる。

この種の性行動は呼吸も荒くなってしまいそうだがさにあらず。ここもミミズの不思議なところだが、肺を持たないミミズは大半の動物とは違う方法で呼吸しているのだ。必要な酸素は皮膚を通して直に血液に拡散する。血液中には人間や他の動物の血液と同じヘモグロビンという呼吸色素が含まれている。ミミズのヘモグロビンは人間のヘモグロビンの改良版で、酸素との親和性が高く、受動的な拡散頼みの効率の悪い呼吸系を補っている。ミミズの体壁には細かく分枝した毛細管が張り巡らされて、外部から供給された空気に血液をさらす面積を最大限にしている。

どの呼吸系でも、酸素はまず最初に呼吸装置の表面にある水の層に溶けこんでから血液に吸収される。たいていの動物では呼吸系の表面が体内にあり、乾燥した空気から守られるように進化してきた。しかしミミズでは体表の全体が肺の役割を果たしている。そのため体表は表皮の粘液腺から出る分泌物で常に湿った状態になっている。ミミズにとって乾いた環境条件は死を意味するので、土の上層が乾いてくるとさらに深く地中に潜り込む。陸のあらゆる生態系に住んでいるが、乾燥した砂漠や北極地方には見られないのが目立つ点である。

ダーウィンは有機物の分解と土壌形成におけるミミズの役割に注目していたので、呼吸器系よりも消化器系を詳しく研究した。食物の選択と好みの問題から、ミミズに実際に味覚や嗅覚があるのかどうか考えるようになった。この研究は後に視覚、聴覚、触覚などその他の感覚を探る実験にもつながった。

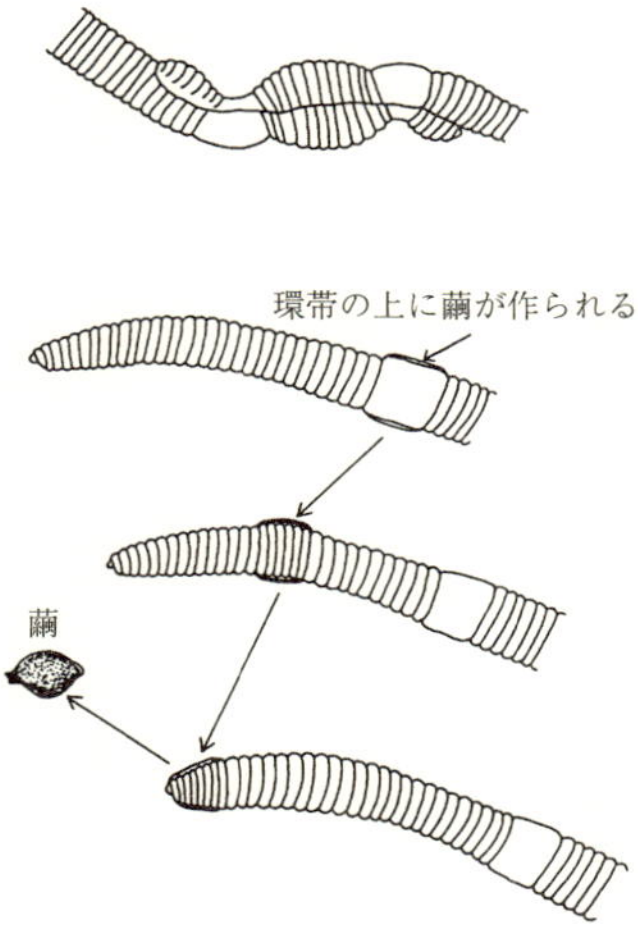

図６・３　一対のミミズの交接と繭の放出。C.A.Edwards and P.J.Bohen, *Biology and Ecology of Earthworms*, 3rd ed. (London: Chapman and Hall, 1996) から。

この実験を行っていた頃、彼は眠れない夜の研究室の暗闇の中で、ミミズを各種の光源から発したさまざまの色の光で照らして、視覚と光に対する反応を調べた。そしてミミズは事実上見ることができないが、何らかの方法により頭（体の先端）の部分で光の強度を感じ取っていると（正しく）結論した。だからミミズには昼と夜の区別がついて、昼間の捕食者を避けることができるのだ。この能力のおかげで普通見かけるミミズは、「ナイトクローラー（夜這い虫）」と言われる通りに夜行性なのだ。

ダーウィンは家族全員を動員して、ミミズに音が聞こえるかどうか調べた。ミミズは「金属製の笛の鋭い音（孫のバーナードが吹いた）やバスーンの強い低音（息子のフランクが吹いた）には少しも関心を示さず」、近くでエマができる限り大きな音でピアノを弾いても「まったく静かな状態を保った」。ダーウィンはミミズは音を聞けないと結論した（これも正しかった）。彼は敏感な触覚が何らかの方法でそれを補っていることにも気づいた。ミミズを入れた容器をピアノの上にじかに置き、ダーウィン自らが一音ずつガンガン弾くと、振動に反応したミミズは「瞬時に穴に潜り込んだ」。今日の基準から見るとミミズを多少擬人化しすぎているかもしれないが、ダーウィンは次のように書いている。「ミミズと同じように生まれながらに見ることや聞くことができない人にとって、触覚がいかに重要であるか覚えておくと良いだろう」。

ダーウィンや彼に続いたミミズ研究者たちは、主としてツリミミズ科のごく限られた種を研究に用いてきた。このツリミミズの類が北半球で生態学的にもっとも重要な集団であることは間違いない。

南半球ではこれとは別のフトミミズが同様の重要性がある。全世界では分類学上異なる科が少なくとも一二科、種は一、二〇〇種以上に達する。残念なことに大部分のものはまだ十分に研究されていないので、多くを語ることができない。

ツリミミズ科は目ざましい成功を収めた一群なので、注目がほとんど彼らだけに集中してきたのも無理はない。新しい環境に導入された時にも素早く他種より優位に立つし、適応力も広い。「ナイトクローラー」を愛用する釣師は、どこにでもいるこのミミズが北米原産でなく、他の多くの種のミミズとともにヨーロッパの開拓者によって持ち込まれたと聞くと驚くかもしれない。

この普通のツリミミズ（ルンブリクス・テレストリス）その他の穴を掘る連中が成功を収めている一つの理由は、地表近くの条件が思わしくないと深く潜ってしまうことができる点にある。また彼らは冬眠様状態に入り、深さ一～二メートルの穴の中でとぐろを巻いたまま長期間の悪条件を乗り切ることもできる。テレストリス種は、管理された安全な条件下では四年～六年間生きることが報告されている。野外では非常に幸運あるいは賢い個体だけがここまで生きられると思われる。おそらくほとんどのものは一、二年以内に繭を残したあと、何らかの悲惨な出来事で死んでしまうのだろう。

ツリミミズ科のミミズも他のミミズと同様に、暑くて乾燥した状態よりは湿って冷えた状態にいる方が、はるかに耐久力がある。しかし大雨で地面が水浸しになった後には、十分な酸素を求めてミミズが大移動して表面に出てくることがある。誰でもたいてい一度か二度は、このような大移動を目にしたことがあるのではないだろうか。しかし移動は、必ずしも成功する生き残り戦略とは限らない。

乾燥した空気と紫外線にさらされて多くのものが死んでしまうのだ。

ダーウィンはミミズの観察を単なる好奇心でこれほど長年続けたのではない。ミミズが土壌形成において、まだ認識されていない重要な役割を果たしているのではないかと思ったのだ。もともとの彼の行き方は地質学者としてのもの、あるいはむしろ彼の研究は、まだ学問として認められていなかった生態学者としてのものだったというのが適切かもしれない。

ミミズが物理的環境に及ぼす影響に関する最初の主張を証明するために、ダーウィンは「刊行か消滅か《パブリッシュオアペリッシュ》」の状況に立たされている今日の研究者がうらやむような長期にわたる研究を忍耐強く行った。一八四二年に、彼は草地の一隅に石灰粉を注意深く均一に撒いた。二九年後の一八七一年に同じ場所に戻り、溝を掘って、土壌とミミズが地表に排出した腐植土によって埋まった石灰層の深さを測った。新しい土壌は厚さが六インチ（一五センチメートル強）、つまり毎年〇・二二インチ（五・五ミリメートル）堆積していた。この測定値によって彼が何十年間もかけて集めた各種の状況証拠が裏づけられた。彼は次のように書いている。「こうして私は、土地全体を覆っている腐植土はミミズの腸管を何回も通り、これからも何回も通るだろうという結論に達した……世界の歴史において、この下等生物ほど重要な役割を果たした動物が他にどれだけいるのかと疑ってみてよいだろう」。彼の主張を支持する確かな証拠が、過去一世紀の研究によって得られている。

ダーウィンは考古学的な遺跡の埋蔵と保存におけるミミズの土壌形成活動の重要性に興味をそそら

れて、この主題にも『ミミズと土』の一章を割いている。晩年の彼は健康状態が悪いにもかかわらず、また妻の忠告にもかかわらず、ストーンヘンジに数回足を運んでいる。古代の遺跡にはドルイドのモノリスが完全に埋まりあるいは部分的に埋まった状態になっている［古代ケルトで信仰を司ったのがドルイドで、ストーンヘンジのような巨石遺跡はこの信仰と関係づけられている］。ダーウィンは、この埋没のときミミズが果たした役割を立証するために、照りつける太陽の下で何時間も掘り続けた。

一日で体重の一〇〜三〇パーセントを消費するミミズは、ある意味で海に住む濾過摂食動物の陸上版であることが、今ではひろく認められている。年間を通じて落葉のほぼ一〇〇パーセントが、ミミズに消費されている生態系もあるかもしれない。要するにミミズは生きた撹拌機として作用し、植物の残骸を粉砕してそれを土壌やそこの微生物群（生死を問わない）と混ぜ合わせるのだ。そしてそれは、微生物分解者によってさらに作用を加えられることで腐植土となる。ミミズがいない場合、あるいは環境条件のせいで活動していない場合には、乾燥した木の葉が堆積して土壌の質が落ちる。熱帯の生態系ではミミズの生態学的な地位（ニッチ）をシロアリが占めることがある。アリもある程度は同様の役割を果たすことができるが、植物残骸を消費する量と動かす土の量から考えると、到底ミミズにかなわない。

ミミズと微生物の連繋は、両者の成功にとって重要である。ミミズが残す糞土には養分が豊富に含まれているので、微生物がそこで大いに繁殖する。またミミズも植物の残骸だけで生きているのではなく、栄養要求を満たすには食餌の中に微生物が必要なのだ。ある実験では、食餌から原生動物を取り除くと性的に成熟しないことがわかっている。

ミミズが消費する微生物の多くは実際には消化されず、生きたままはるばる遠くまで（微生物の観点から言えばであるが）運ばれて、新たな土地に捨てられる。有益な微生物と病原微生物のいずれも、このようにして分散される。ミミズがいると、窒素固定細菌であるリゾビウムの作る根粒が増加することが示されている。ある研究によると、調べたミミズの半数以上の腸に有益な菌根菌が含まれていて、菌は糞土の中で一二か月間も生き続けることができたという。またミミズは土壌感染する病気を植物から植物へと広めることもあるが、動植物病原体の天敵を広めることもできる。リンゴ園で有害な黒星病の胞子がついた落葉を巣穴の中に引き込み、地表に残る胞子を減少させて、病気のひろがりをかなり減少させた例も観察されている。

ミミズが地上や地下に糞土を排出すると、微生物と養分は植物が根を張る圏内や、あるいはさらに深い場所へと縦に混ぜ込まれる。長期的に見ると、このようなかき混ぜは土壌の上層部の深さや組成に影響を与えることになる。ヨーロッパや北米で馴染みのあるミミズが排出する糞土の量は、ミミズ一匹当たりで大匙一杯（約一〇グラム）にすぎないが、エーカー当たりの年間量となると、ミミズの活動によって地下から地上へと動かされる土壌の量は二〇～三〇トンになる。ある研究では、動いた土の量は一エーカーあたり一〇〇トンで、約一センチの厚さの土壌に相当すると推定している。土壌をかき混ぜるこのような働きは農家や園芸愛好家には有益だが、ゴルフコースやテニスコートには悩みの種であり、時には地表に糞土が排出されないように殺虫剤が使われることもある。アフリカやアジアの外来種の大ミミズは高さ一〇～二〇センチ、重さ一・五キロにもなる塔のような糞土を排出するので、芝生を管理する者にとって悪夢のような存在である。ダーウィンはインドに住む同僚が送ってくれた巨大な糞土に感銘を受けて、その版画を著書に載せた（図6・4）。

ミミズは土壌の構造すなわち「ティルス（耕土性）」に、そして結果として植物の生長に非常によい効果を及ぼし、土壌微生物と植物の根に利益をもたらす。固まった土に根を張る植物のうちには、ミミズが掘った穴をたどって養分や水分を探し求める範囲を拡大するものもある。またミミズが分泌する粘着性の糖化合物は、土壌粒子を固めて小さな塊にする。その結果として、ミミズが少ない土壌に比べて水の浸透や保水力に優れた土壌構造ができる。

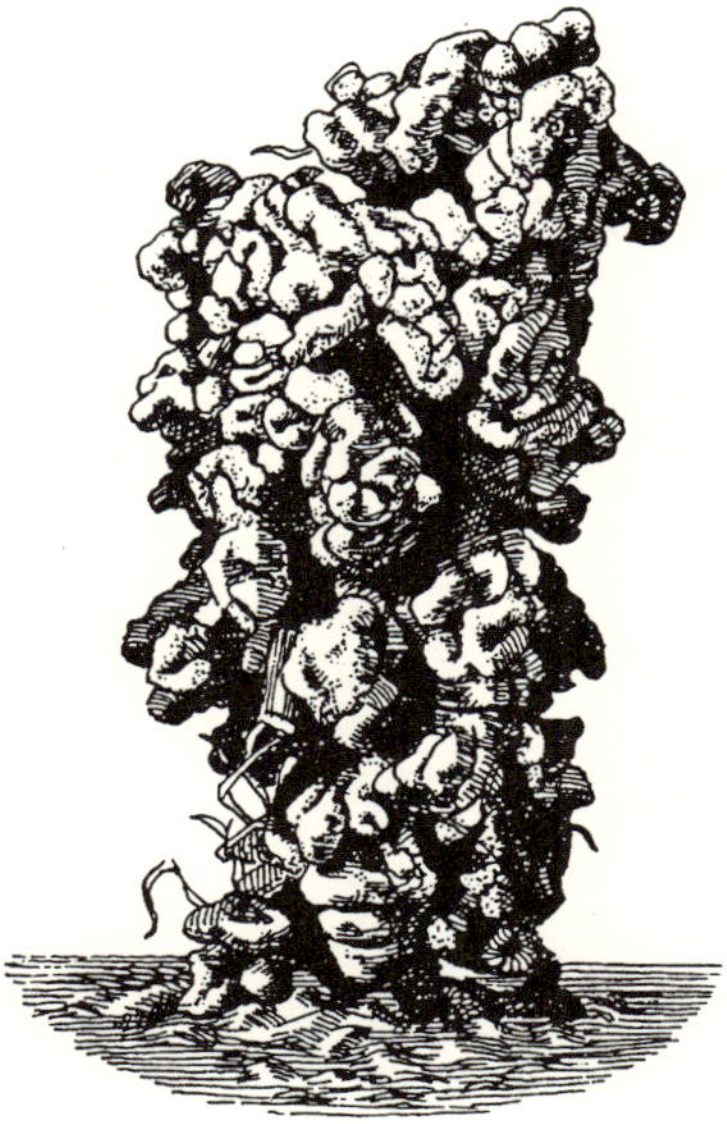

図6・4　塔のような糞土の版画（実際の高さは約8センチメートル）。大型のミミズが排出したもので、カルカッタの植物園の研究仲間がダーウィンに送ってくれた。ダーウィン『ミミズの作用による植物腐植土の形成』（1881）より。

作物生産におけるミミズの重要性は確かに経済的な影響力の点が最大だが、ミミズの価値はその他にもある。釣りをする人ならば、すぐにも釣り餌の市場を思いつくだろう。確かに一部の地域では、これは一大産業になっている。カナダの釣り餌産業は年間五、〇〇〇万ドル以上になると推定されている。カナダのトロントに近い収穫地では、四月から一〇月の真夜中にミミズ狩りの人々がゴルフコースや草地を探し回ってカナダ産の「夜這い虫」を集める。抗夫のランプで辺りを照らす彼らの両足首には、空き缶がくくりつけられている。片方の缶にはオガクズが入っている。ぬるぬるするミミズを摑みやすいように指先につけるのだ。もう一方の大きな缶には、ミミズを五〇〇匹まで入れることができる。腕の良い人ならば大漁の夜には一万匹も捕らえることができる。

コンポストのようなものでミミズを養殖するのは難かしくて、手でつかまえる方法ほど経済的ではない。他種のミミズはテレストリス種よりも飼育しやすいが、小型なので餌としての価値が低いと考えられている。

ミミズは土壌改良や有機廃棄物管理の分野でも評価が高まっている。素晴らしい成功例がいくつも報告されているが、失敗例もある。仕事と環境がミミズの種類と適合しないこと、管理状態が悪いことが失敗の原因である場合が多い。昔採掘現場だった土地を改良する場合には、酸性土壌に耐えられる特別な種類のミミズが必要だ。多くの場合、ミミズの繁殖を成功させるにはその土壌に欠乏している養分を補う必要がある。

けれどもこの分野における研究は、それほど遠くない未来にミミズのさまざまな実用化をもたらすだろう。

晩年にミミズの本の完成を目指していたダーウィンは、彼の進化説が政治的な問題を引き起こしたことをいつも気にしていた。彼の支配下から抜け出した進化説は英国教会の弱体化、土地の国有化、労働者の権利を求める政治活動に結びつけられるようになってしまったのだ。多くの場合に、ダーウィンは支援を求める熱狂者たちと理解し合うことができなかった。上流階級側の出自であるダーウィンには、土地改革の概念を受け入れることが難しかった。それに加えてこうした運動の後ろには無神論者たちがいた。ダーウィン自身は基本的に不可知論者だったのでそれは受け入れられたが、彼が心から愛していた妻のエマは敬虔なクリスチャンなので、そのようなことはできなかった。そして何よりもダーウィンは科学者であって政治家ではなかった。

ダーウィン家で開かれた、あるぎこちない夕食会でのことだった。チャールズはエマ、地元の牧師、そして当時著名だったイギリスとドイツの無神論の政治改革者とともに食卓に就《つ》いていた。改革者たちは、彼らの運動で英雄的な地位に祭り上げられ、立派な同盟者にでもなって貰えればと思っていた『種の起源』の著者が、ミミズと共に地面を這い回っているのを知って愕然とした。その話は夕食の最初の一皿の頃に話題にあがった。そんな詰まらない事柄になぜ係《かか》り合うのか？　その時ダーウィンは重々しく彼らの方を向くと、ただこんなふうに言ったということだ。「私は四〇年間ミミズの習性を研究してきたのです」。政治に野望のある客人たちにとって、地質学や進化に対するダーウィンの関心と、愛するミミズたちの研究に類似点を見いだすのが難しかったことは無理もない。

ダーウィンの最後の著書の主題となった生物のように、彼自身も仕事を着実にゆっくり進めた。断固たる信念、誠実さ、そして彼が理解したいと熱望した大自然の緩やかな撹拌の威力を評価することから生じてくる謙遜の念をもって、進んでいった。彼は一歩ずつ、やがて世界を揺り動かすことになる理論に必要な証拠を開拓した。彼の科学的業績は信じがたいほど広い範囲に及ぶが、そこには少なくとも一つの中心的なテーマがある。小さな変化でも、想像を絶する時間をかけて作用すれば重大な結果をもたらすことがあるというのがそれだ。下等な虫であるミミズが他の土壌生物とともに、私たちが踏みつけ耕し高層ビルを建てる地球をかたち作るやり方も、まさにこのようなものである。卑小なものが、こうして偉大なものを説明できるのだ。

第7章　病原体戦争

動植物がこの地球に存在してきた期間と、土壌に入り込んだに違いない病原微生物の数を考えると、人間や動物に感染症を起こす細菌がいかに少ないか驚くほかないだろう。

セルマン・ワクスマン（一九四〇）

主は土から薬を作りだした。そして賢い者はそれを侮ることはない。

集会の書　三八章四節

地下は区別立てしない場所で、生と死の雑踏のなかで我々が捨て去る全部のものを、何のこだわりもなく受け入れる。廃物ということが意味をもたない場所なのだ。地表の我々が、自分にとってはこれぞ一大事という日々の活動でしゃかりきになっている間にも、地下の世界で繁栄する生物はせっせと仕事に励み、動植物に必要な養分の循環や供給ばかりでなく、病原体と闘ったり、我々が無分別に環境に垂れ流した毒物を中和したりしている。

これから見てゆくことだが、土壌の微生物社会で自然の「抑制と均衡」によって、病原生物の数は最小限に抑えられている。けれどもママは正しかったのだ。泥んこ遊びしたら手を洗いなさいよ。特に傷口がある場合は要注意だ。傷からの感染症としては、皮膚にいる細菌（黄色ブドウ球菌や連鎖球菌の仲間）によるものが一般的だが、地下には相手として闘いたくないような何種類かの悪党が潜んでいるからである。

　歴史的に見ると、すべての土中の病原菌のうち人間の健康にもっとも深刻な被害を及ぼしてきたのは破傷風《テタヌス》の細菌、クロストリディウム・テタニに間違いない。この病原細菌は何千年も昔から人間に恐れられてきた。破傷風の最初の公式記録は、紀元前一五〇〇年のエドウィン・スミス・パピルスに、エジプトの象形文字で記されている。そこに、頭部に貫通創を受けて「開口障害（歯の食いしばり）」に陥った患者の記述がある。紀元前四〇〇年にはヒポクラテスが、数件の致命的な症例について詳しい記載を残している。

　今日では破傷風を予防するワクチンがあるが、ワクチン接種を受けないまま感染した患者に対する治療法はまだ開発されていない。開発途上国では、そのような人々の数が驚くほど多いことがある。医療が限られている僻地の場合には、破傷風の致死率が七〇パーセントに達する場合もある。細菌を殺す抗生物質はあるのだが、細菌が放出した毒素がひとたび体内の神経と筋肉の接合部に達してしまうと、効き目のある解毒剤はない。テタノスパスミンと呼ばれるこの毒素は、被害者に耐え難い苦しみをもたらす。そして抑えることのできない骨格筋の引きつり発作が生じて、筋肉のひどい痙攣を引き起こす。傷の周辺で緊張と痙攣が始まるとともに、顎の筋肉が固まって口が開かなくなる。残念なことに患者はこの段階まで病院の緊急治療室にやってこない場合が多い。この段階に至っては抗生物質の大量投与と、まだ神経に達していない毒素を中和する薬剤を投与してみるしか術がない。

破傷風の兆候は数日以内に背中、脚、腕まで進行して、筋肉が割け、背骨の圧迫骨折が生じるほどの筋肉収縮が起こることもある。そして時には弓なりの緊張が起こる。踵と背中が引きつけられるほど背骨が弓なりになってしまうのだ（図7・1）。一〜二週間以内に死ぬこともあり、死因は横隔膜その他呼吸器の筋肉の痙攣か、または心不全が多い。ひどい場合には、症状が収まるまで患者を呼吸器につなぎ、痲痺同然の状態まで筋弛緩剤を投与しなければならない。破傷風にいちばん感染しやすいのは深い刺し傷だが、棘のような僅かな傷から死に至る例も知られている。

世界中どこでも一握りの土を掬いあげてみれば、そこには破傷風細菌の胞子が含まれている。個々の胞子は四〇年間も生き続けることができる。他のクロストリディウム類の細菌と同様に、破傷風細菌も嫌気性だ。深い傷（あるいは傷口が閉じてしまった傷）で酸素濃度の低い環境に入ると、胞子は発芽して細菌は殖え始める。時間が進むにつれて細菌集団の一部が死ぬと、毒素が放出されてくる。

原因となる細菌の正体がわかったのは一九世紀も遅くなってからだった。その後ドイツのエミール・フォン・ベーリングと日本の北里柴三郎の共同の努力によって、破傷風を予防するワクチンが開発された。二人ともドイツの著名な微生物学者ロベルト・コッホのもとで研究していた。一九二〇年頃には合衆国、ヨーロッパ、オーストラリアなどでワクチンが広く用いられるようになった。

集団接種計画によって先進国では破傷風がほとんど見られなくなったが、アフリカやアジアの一部ではまだである。集団接種の計画では最初のワクチン接種は幼児期に行われ、一〇代と青年期に追加の接種が行われる。その後は免疫を保つように、一〇年ごとの追加接種が勧められている。合衆国では年間一〇〇件ほどの発症例が報告されているにすぎない。この数は、年間に報告されるハンセン病の発症例を下回っている。合衆国内の感染例は、追加の免疫を得ないまま麻薬を静脈注射する常習者、あるいは何十年間も追加接種を受けなかった高齢者がほとんどである。

破傷風を制圧した先進国とは対照的に、効果的なワクチンがあるというのに、全世界ではこれが幼児の死亡原因の第二位に挙がっている。乳幼児の死亡例の原因としては、出産のとき衛生管理が行き

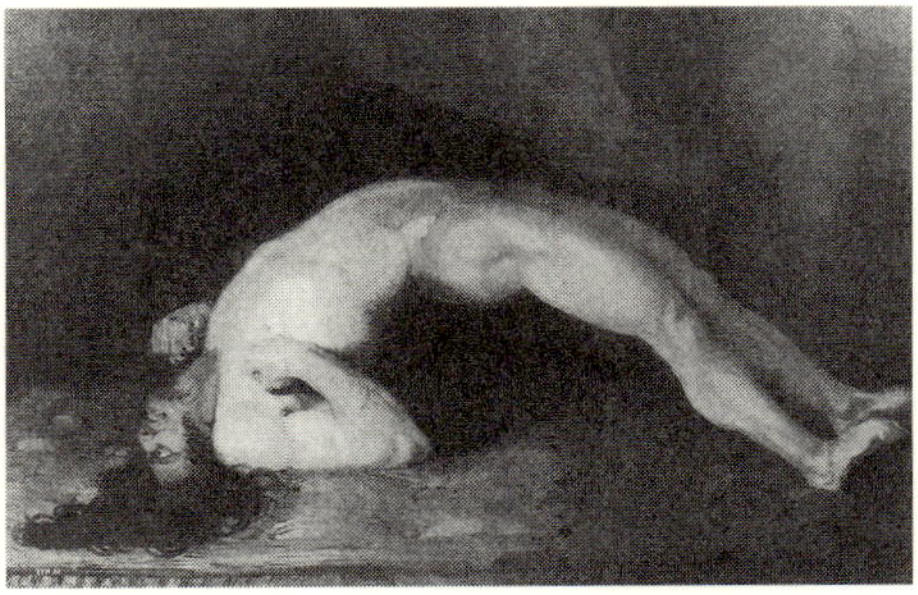

図7・1　ナポレオン戦争のとき破傷風で瀕死となった兵士。チャールズ・ベル（1809）の挿絵。

届かないので臍の緒の切り口から感染する場合と、母親に免疫がない場合がある。一九九七年には推定二五万人の乳幼児が破傷風で命を落とした。そのうち東南アジアは八万八、〇〇〇人、アフリカが九万五、〇〇〇人となっている。これほど多くの子供たちが、この世に生を受けてから僅かの日数で残酷な運命に出会うとはいったいどういうことなのか。しかもこの病気は予防可能なのだ。一九八九年以来、世界保健機構（WHO）はこのような不名誉な状況の改善に力を注いでかなりの成功を収めている。一九九七年の数字も憂慮すべきものではあるが、一九九〇年に比べればかなりの改善が見られている。防疫当局は、破傷風による死者が今後も減ることでは明るい見通しをもっている。

傷口から低酸素状態に潜り込んで発芽した場合に人間に深刻な被害をもたらすクロストリディウム属の細菌は、これ以外にも数種類知られている。そのうちでも土壌中によく見られるペルフリンゲン（ウェルチ細菌）、ノーヴィ、セプティクム（悪性水腫細菌）などの種は「ガス壊疽」という状態を引き起こすことがある。我々の体内にはこうした細菌を撃退する自然の防御策が備わっているが、もしも細菌の方が優勢に立った場合にはかなり頑張らなければならない。命を懸けた闘いになることもある。これらの細菌は定着してしまうと感染部位から四肢や全身に素早く広がりながら、生きた組織を破壊してゆく。症状が進むと手のつけようがなくなる。死んだ感染個所を手術で切除する、あるいは四肢を切断するなどが必要となることもある。ガス壊疽は、自動車事故や戦闘による大けがなどで治療が遅れた場合にしばしば脅威をもたらす。

土壌の菌類［細菌でなく］にも人間の健康に害を及ぼすものがあるが、合衆国に見られるものは数種にすぎない。そのうちでも最悪なのはブラストミケス・デルマティティディスという菌だろう。ミシシッピ川やオハイオ川流域の土壌に生息するこの病原菌のなにが不気味かと言えば他のものと違って、体内に侵入してくるのに口の開いた傷など必要としないことだ。初期感染は、この菌の胞子を含んだ埃を吸い込むことから始まる場合が多い。そのまま肺に留まることもあるが、皮膚に広がってくると潰瘍や膿瘍が生ずる。薬でも治療できるが、ひどい膿瘍の場合には排膿の手術が必要となることもあり、合衆国では毎年三〇～六〇人の死亡例が報告されている。

合衆国で問題になっている第二の土壌菌はコッキディオイディス・イミティスで、これは「渓谷熱」をひき起こす。この種はカリフォルニア州中央部のサンウォーキン渓谷を始めとして、アメリカ各地の半砂漠地域の乾いたアルカリ度の高い土壌で生きている。ブラストミケス症と同じようにこの病気も胞子を吸入することで感染することがある。しかしその結果は、ブラストミケス菌の感染症に比べればはるかに軽症だ。実のところ症状は風邪や感冒に似ているので、たいていの場合は見過ごされてしまう。ふつう感染者は自分が土壌菌に感染したことに気付かないまま二、三週間のうちに回復して、永久免疫を得る。この菌は、免疫系が弱っている患者にひどい感染症と進行性の慢性の肺疾患を起こす程度にすぎない。

熱帯地方には、皮膚から侵入し長期間にわたってひどい感染症を起こす土壌菌がいくつもある。裸足で農作業を行う人々が足の小さな切り傷やひっかき傷から病原菌に感染する場合が多い。症状は病原体の種類によって異なり、発病までに数年かかるものもある。ふつう感染個所の近くに色素性の結節、腫れ、口の開いた化膿傷などが生ずるが形や大きさはさまざまで、感染した菌の種類によって異なる。このような熱帯の菌類で生ずる病気は醜い皮膚疾患と不快感をもたらすが、命に関わるものはほとんどない。

我々よりも植物の命にかかわるような敵が、土壌の中には多い。植物の根は常にむき出しの状態なので、何千年という間にかなりの土壌微生物が宿主植物の根系の防御システムを出し抜く能力を進化させてきた。このような病原菌は寄生して植物の糖類その他の液体を吸い上げ、根の成長を妨げて異常をもたらす毒素を放出したり、水分や養分を輸送する管を詰まらせたりする。土壌病原菌が植物よりも優位に立った場合には、根系をドロドロに溶かし、葉の黄化や萎縮をもたらし、宿主を殺す。農作物が病原菌の被害を受けることも多いから、無事に育つ作物に生計がかかっている農家の人々も間接的な被害者となる。

土壌病原体のうち植物にもっとも深刻な被害をもたらすのは、菌（真菌）類あるいはそれと似たミズカビ（藻菌）類のものが多い。フサリウム属あるいはヴァーティシリウム（ヴァーティキリウム）属のものは、農家の人々や園芸愛好家が「萎凋病」とか「黄化病」と呼ぶ多くの病気を起こすことが知られている。「根腐れ」や「立枯れ・腰折れ」（若い苗が倒れてしまう）を起こす病気の多くはフィトプトラ（疫病菌）、ピシウム（ピティウム）、リゾクトニアのいずれかの病原菌の仕業と考えられる。菌類は一年から数年間土中で生きている場合が多い。感染した畑には輪作を行い、菌に耐性のある作物を一、二年植えて病気のひろがりを防ぐ。しかしアブラナ科の根瘤病菌《ねこぶ》（プラスモディオフォラ・ブラシケエ）の例に見られるように、輪作が必ずしもうまくゆくとは限らない。この菌はキャベツやその類縁の作物に感染して恐るべき「根瘤病」をもたらし、土中で七年間あるいはそれ以上も生き続けることができる。

菌類や藻菌類に加えて微小な線虫が植物の根に住み着いて糖分や必須の栄養養分を吸い上げることもある。寄生性の線虫のほとんどはプラティレンクスあるいはネコブセンチュウ属のものだ。土壌中の細菌も根の病気を起こすことがある。ただし大部分の病原細菌は植物の葉に感染する。

植物の地上部分に真の被害を及ぼす菌類や細菌類が土中で休眠して、土壌が菌類の一時の貯蔵所になる場合も多い。こうした病原体のうちには、土の中では生きてゆけないが地中に宿主植物の茎や根や葉が残っていれば、その中で生き延びられるものもある。こうしたものには輪作で簡単に対処することができる。植物の遺物は数週間から数か月のうちに土中で分解してしまうからである。

病原菌の中でもっとも重大な病原菌でジャガイモの疫病を起こす疫病菌も、最近まで土壌の中ではそれほど長く生き続けられない病原体の一つだった。輪作を心がけ、また前年に感染した芋を種芋として用いないようにすれば、毎年白紙の状態で栽培が始められるので、土壌中にこの恐ろしい病気が持ち越される心配はなかった。地上で解き放たれてしまうと、疫病菌は野火のように植物から植物へと広がり、その後には葉を失って黒くなった茎と、この病気に特徴的な悪臭が残される。一八四〇年代のアイルランドでは、夏ごとに各地でこの病気が数年間続いた。これはジャガイモ大飢饉と呼ばれ、この間に一〇〇万人以上のアイルランド人が餓死して、それ以上の人々が惨害を逃れて故郷を捨てた。

地上の病気が急速にひろがるのは、感染した葉についた綿状の小さな感染部位から何十万もの胞子嚢と呼ばれる無性の生殖構造が放出されるからである。しかしこの胞子嚢は、地下では普通数週間しか生きることができない。疫病菌の生存能力にはこのような弱点があるので、二〇世紀の半ばになると、毎年の持ち越しを防ぐために病気を持たない保証がある種芋を用いること、そして成長期に地上部が発病した場合に殺菌剤を用いることによって、ジャガイモの疫病をそこそこ管理できるようになった。

しかし一九七六年に、すべてのことが変わり始めた。疫病菌の外来系統が、この土壌病原体が潜んでいたメキシコの中央高地からヨーロッパ（そして最終的には世界各地）に導入されてしまったのだ。この移動以前に世界各地で見られた疫病菌は、遺伝的に非常によく似ているものがほとんどだった。しかもそれはA1と呼ばれる単一の交配型のものだけだったので、無性生殖でしか繁殖できなかった。外来のメキシコ系統はA2交配型だった。それがヨーロッパに出現したことによって雄と雌の出会い、つまりセックスが始まったのだ。一九八〇年代になると、合衆国も含めてジャガイモ栽培が行われている世界各地で疫病菌の有性生殖に必要な両方の交配型が見られるようになった。

疫病菌に性生活が与えられたことによって、二つの恐るべき影響が生じた。第一に、有性生殖によって卵胞子と呼ばれる休眠構造が放出されるようになった。これは胞子嚢とは違って、土中で何年間も生き続けることができる。第二に、至るところではびこるようになった疫病菌の有性生殖によって新たな遺伝的多様性が生み出され、その結果として殺菌薬剤に耐性のある新しい遺伝子型がたくさん生ずるようになったのだ。

新世紀が始まった今、ほとんど制圧できたと考えられていたジャガイモの疫病が復讐に戻ってきた。多くの科学者は、この病気が我々の食糧供給を脅かす病気の王座を再び占めるようになったと感じている。なんともやりきれないことに、それは我々自身が引き起こした問題なのだ。病原体の原産地であり遺伝的多様性が一番多く存在しているメキシコの一地域からヨーロッパへジャガイモを輸送するほど、我々は愚かでないはずだった。普通メキシコはジャガイモの輸出国ではないのだが、運命の一九七六年にヨーロッパでは干ばつのせいで種芋が大量に不足していた。皮肉なことに、一八四〇年ころヨーロッパに導入されてやがてアイルランドにジャガイモ飢饉をもたらした疫病も、科学者あるいは素人の植物学者が、メキシコの同じ地域から持ち込んだ感染植物あるいは芋から生じたものだった。

最近我々が演じた大失態のお陰で、ジャガイモの疫病は有性生殖を行い土壌の中で何年間も生き続けられる病気になってしまった。輪作もあまり効果がなく、病原菌は急速に抗菌剤耐性を獲得してきた。この数年間に、私が住むニューヨーク北部地方でもこの病気が復活したお陰でほとんど失業状態に追い込まれたジャガイモ農家が数軒ある。地球的に見るとそれは起こるべくして起こった災難と言えるだろう。アイルランドも一八四〇年代に比べるとジャガイモにそれほど依存していないが、ジャガイモは最近一〇〇年間に主要四大食用作物の一つになっている（米、小麦、トウモロコシとともに）。貧しい開発途上国が、世界の栽培総量の三分の一以上を生産している。そして中央ヨーロッパやロシアでは、いくつかの国の経済が特に深刻な危機にさらされている。

たくさんの科学者が疫病の問題を解決しようとしているが、その間にも殺菌剤の効果が失われ、年々作物の不作が目につくようになってきた。疫病菌の疫学や遺伝学の研究に十分な投資がなされて、一世紀以上前にアイルランドが経験した飢餓に匹敵するほど、あるいはそれを上回るほどの危機を目撃する前にこの問題が解決されるように望むしかない。

ここで読者が家庭菜園に植えつける種芋を急いで消毒したり、殺菌石鹸で体を洗おうとする前に、病気の全体像に話を戻そう。まず第一に、土壌中の微生物を始めとして微生物一般から見ると、病原微生物としてのライフスタイルを取るものはきわめて稀である。ほとんどの病原体は、特殊な環境条件のもとで被害者の防御力が低下した時にだけ「悪く」なって我々を攻撃する。また土の中では、危険性のある一握りの細菌あるいは菌に対して天敵がいることを知ると、いくらか安心できるだろう。病原性をもつものの数は、地下の食物連鎖においてその上に立つもの、あるいは食糧資源を奪い合うものに比べてはるかに少ない。それゆえ、たいていの土壌は活発に病気を抑制している。ただし管理が適切でない場合、あるいは有害な菌類と一緒に有益なものも殺してしまう広範囲に効く殺菌剤を用いて自然に備わった抑制能力を破壊する場合はこの限りではない。

過去に作物の土壌病で慢性的問題を抱えてきた農夫たちは、絶望の末に強力な揮発性毒物で薫蒸して土壌を「消毒」して、ほとんどすべてのものを死滅させてしまうこともあった。この方法で短期間の増収が見られることもあるが、それは病気の抑制ばかりでなく死滅した土壌微生物から放出された栄養分による場合も多い。いずれにせよ病原菌は必ず戻ってくる。そして再登場した時には、それを抑制する天敵が少なくなっているのだ。この方法を用いると殺菌剤に慢性的に頼らざるを得なくなり、人間の健康に直接害を及ぼす有毒な環境をもたらすことにもなる。二〇世紀の終わりころには、このような方法で制圧するには地中生物の数、移動性、頑健性、多様性が大きすぎることに、農場経営者や農学者は気づき始めていた。

農業科学者や進歩的な農場経営者の考え方には近年大きな変化が生じている。健康な土壌に病気を抑制する能力を保たせることができている限りは、そこから病原微生物を全部駆除するには及ばないと考える人々が増えているのだ。この新しい方法は、自然に対して戦うのでなしに自然と共に働く方法である。二一世紀に入った今、土壌薫蒸は普及度がはるかに下がってきて、費用のわりに効果が高く環境に安全な方法が開発されつつある。我々は地下の生命の完全支配を目指す無益な戦いを止めることにしたのだ。

耕土に病気抑制力を増加させる新しい方法の開発は、農学の中でももっとも面白くてやりがいのある研究分野だ。この研究によって生み出された方法には古い考えに一工夫を加えたものもある。従来の輪作にも、もっと工夫を加えた技術が使われる。たとえば一部の作物は、ある種の病原菌に対して効果のある毒素を根から放出することが最近発見されて、これを利用する方法もある。そのような輪作作物の一つであるスーダングラスは、私自身もコーネル大学で行った研究プログラムで使ってみたものの一つだ。スーダングラスの根から放出される化合物が土壌中の病原性線虫を減少させることを、私の共同研究者である植物病理学者のジョージ・アバウィ博士は発見した。輪作でスーダングラスの次に豆を栽培すると、線虫の感染がかなり減って収量が増加するのだ。

土壌の病気抑制力を高める方法は病気や作物の種類、場所などによって異なる。輪作が必ず解決策になるとは限らず、有益な微生物集団の定着を妨げることもある。たとえば小麦栽培の場合に、ある種の小麦の病気を抑えるのに必要な有益微生物を定着させるためには、他の作物と輪作せず同じ土地で数年間栽培を続けることが必要な場合もある。

コンポスト（分解した有機物）は何世紀もの間肥沃土や保水力を改善する手段として農夫や園芸愛好家に用いられてきた。近年の研究はコンポストの中に病気の抑制を助けるものがあることを示唆している。そのようなコンポストの中には病原体の天敵の「種を撒く」ものや病原菌を食う既存の有益微生物の成長を促進する土壌環境を作り出すものがある。

ハワイで行われたある研究では、微生物を豊富に含んだ健康な土地の表土をほんの少量導入するだけで、原始的な火山性土壌で栽培されているパパイヤの根腐れ病を減少できることがわかった。火山性土壌には有機物がごく少量しか含まれず、土壌中の生物学的多様性もかなり低い。窪みにパパイヤの苗を植えて、別の場所から持ってきたコンポストを含んだごく少量の土壌を周り《まわ》に埋めると、根腐れ病がかなり減少して収量が上がったのだ。

比較的少量のコンポストや別の土地の土を土壌に加えると、病気の抑制力を土壌に与えることができるという観察を元に、それに関与する生物的要素の調査が始まった。バチルス（桿《かん》菌）、ストレプトミケス［放線細菌の一属］、プソイドモナス（シュードモナス）に属する特殊な細菌系統が、多くの場合に有益であることがわかってきた。一九七〇年代の終わりにカリフォルニア大学バークレー校のミルトン・シュロスは、ジャガイモやテンサイ（甜菜）やラディッシュ（ハツカダイコン）の苗の根にシュードモナス属のある細菌を接種すると、土壌由来の病害から防がれて、収量が三〇～一〇〇パーセントあるいはそれ以上も高くなることを明らかにした。彼はこのような研究を成功させた最初の科学者の一人だった。こうした有益な細菌は、増殖を続けて次々と新しい植物の根に住み着くので効果が長く続く。

菌根菌ではないが、根に居着いてはるかに積極的に根を守ってくれるトリコデルマ・ハルジアヌムという一般的な菌がある。トリコデルマの糸状の菌糸は、病気を起こすさまざまの土壌微生物を実際

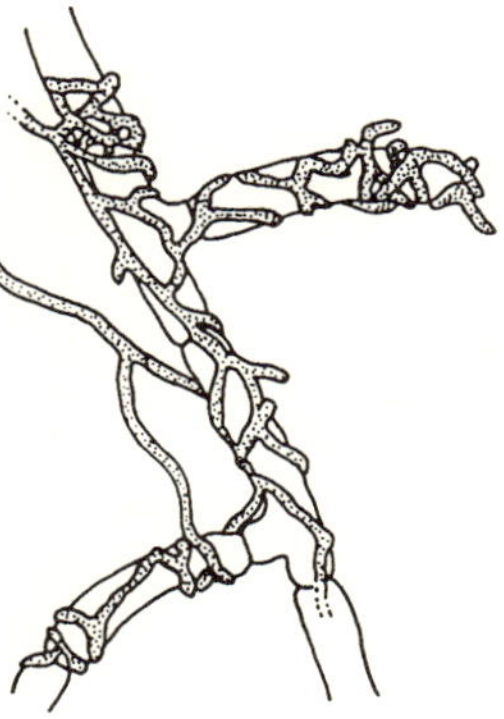

図7・2　有益なトリコデルマがその菌糸を、立ち枯れ病をおこすリゾクトニア・ソラニの幅のひろい菌糸に巻つけているところ。J.W.Deacon, *Microbial Control of Plant Pests and Disease* (Washington D. C., 1983) より。

に攻撃してそれに寄生する。この菌は最初に病原菌の周りに菌糸を巻きつけて細胞壁に侵入し、内容物を吸い上げてしまうのだ（図7・2）。

共生する菌根菌がもたらすおもな利点は、植物を水や養分に到達しやすくさせること（第5章参照）だが、有害な微生物が根に侵入するのを防ぐこともある。植物の根に侵入する個所をめぐって張り合う結果として、偶然そうなるだけかもしれないけれども。

トリコデルマによる病害の保護は、抗生物質のような物質を周辺の土壌あるいは植物体内に放出したり、植物の生長を実際に促進したりという別の仕方によることもある。若い植物の根の範囲内にトリコデルマが定着すると、この菌は植物の成長につれてその根圏［根が直接届く範囲］あるいは付近に新たに移って殖え続け、植物を終生病原体から守り通す場合も多い。温室や圃場で試験を行った結果、トリコデルマが数種類の土壌病原体から植物を守り、作物の収量に良い影響をもたらすことが実証された。しかしそれは主として予防的なもので、すでに病気にかかっている植物にはあまり効果が認められない。

コーネル大学のゲァリー・ハートマン博士は、土壌病原体を抑制する効果が著しく高い土壌から数系統のトリコデルマを分離した。彼はプロトプラスト融合という現代の遺伝子工学技術を利用して［プロトプラストは細胞壁を除いて裸にした菌体の細胞で、こうしたプロトプラスト同士を融合させて遺伝子を移す］、T―22という優秀な新系統を作り出した。商業的農業におけるT―22の小売価格の総額は一九九九年に三〇〇万ドルに上り、その額はこれからも何年間か増加を続けるだろう。

菌類と同様に細菌類も、植物病の生物防除の手段として商業的にうまく利用されている。微生物農薬と呼ばれることもあるこの方法は、特定の病原体を標的にできること、その活動が根圏に限られていること、放出する化学物質が有機的なもので、量も従来の殺菌方法で用いられる毒素の量に比べてごく僅かであることから、一般に合成殺菌剤に比べて安全性が高いと言われている。そのため生物防除は市街地、家庭、ゴルフ場、公園その他農薬による汚染が特に心配される場所に適したものとして推奨される。

微生物農薬もやはり合衆国の環境保護局（ＥＰＡ）に登録されなければならず、それには三年以上かかることもある。中には製品に「殺菌剤」ではなく「成長促進剤」のラベルをつけてそれを回避するあくどい業者もいる。生物防除を研究している合法的な企業や科学者はこうしたやり方に懸念を抱いている。環境への危険や人間の健康への危害をもたらす微生物製品を早まって出回らせると、真に安全で有効な生物防除製品の将来の開発に対して、長期にわたる悪影響を及ぼすに違いないからである。

さらに、ＥＰＡの製品認可に不安を感じる人々もいる。遺伝的に手を加えた生物を放出することに懸念を持つ者も多い。誤った情報が心配のもとになっている場合もあるが、もっともな懸念もあり、予期しない生態学的災害に不意打ちを食わされる恐れは常につきまとっている。保証は存在しないというのが厳然たる事実なのだ。科学は確実さを提供するものでなく、ただ蓋然性（確率）を示すだけなので、それは常に一〇〇パーセントを下回る。合成殺菌剤使用の現状と、土壌微生物の広汎な使用を比べてみたとき、長期的にはどうなるのだろうか。不確実な現状のもとで決断を下すほかはない。また環境倫理の問題もある。有害生物駆除のある方法は、別の方法に比べて倫理的に勝っているだろうか。あるいはまた、すべての殺菌殺虫剤を禁止して、将来食糧不足で人口増加率が抑えられるのを容認する方向が、道徳的にましな立場ということになるのだろうか。科学的不確実性と道徳的矛盾のはざまで動きがとれず何もしないこと自体が、結果を伴う一つの決断なのだ。我々の社会がこうした問題に対して逃げ腰にならず、積極的に議論することを望みたいものだ。遺伝子組み換え生物の慎重な実験に対して、最上の科学的情報の枠内で考えた上で規制を展開させてゆくのは、一つの方向だろう。

植物の病気と闘うのに土壌微生物を利用する方法は比較的新しい選択肢ではあるが、我々は人間の病気に対しては土壌微生物を数十年間使用して大きな成功を収めてきた。今日用いられている抗生物質のほとんどのものが土壌微生物によって生産されることを理解している人は少ない。抗生物質を大量生産している製薬会社の研究室で培養されている細菌の多くのものは、自分の家の庭でも見つけることができる。そして人工のもの、つまり合成された抗生物質も、人間が無から作り出したのでなく、土壌微生物の天然生産物に手を加えた改造版なのだ。

抗生物質の時代を先導し、二〇世紀中期の医療革命をもたらすことになった科学者の一人はラトガーズ（ラッジャーズ）大学農業実験所の土壌生物学者、セルマン・ワクスマン博士だった。彼はストレプトマイシンを始めとするいくつもの「奇跡の薬」を土壌試料の中から発見して、その医学的驚異を表す「抗生物質」という言葉を一九四一年に最初に用いた人物だった。

多くの人々には、一九二八年にペニシリンを発見したスコットランドの医師サー・アレキサンダー・フレミングの方が馴染み深いかもしれない。フレミングの発見は偶然の産物で、実験中のペトリ皿がアオカビの一種ペニシリウム（ペニキリウム）・ノタトゥムの胞子に汚染された結果得られたものだった。フレミングは一九二九年から三一年にかけての観察に関して数編の論文を発表しているが、一九三一年に薬効を調べるに充分なだけのペニシリンを生産する方法が考案されるまで、重要な結果はほ

図7・3　土壌生物学者セルマン・ワクスマン博士。ストレプトマイシンを発見し、1952年のノーベル生理学および医学賞を得た。Rutgers University Archives collection の厚意による。

とんど得られなかった。オックスフォード大学の二人の科学者、植物病理学者のハワード・フローリーと化学者のアーネスト・チェーンがフレミングの初期の研究を再発見して、病原性の連鎖球菌に感染した研究用マウスでペニシリンの最初の治療実験方法を考案した。ペニシリンで治療したほとんどのマウスは回復し、一方治療しないマウスは死んだ。その後のことはご存じの通り（もしも彼らがマウスでなくモルモットを実験に使っていたら、その後のことはかなり変わっていただろう。理由はまだ不明だが、ペニシリンはモルモットに毒性を持つからである）。フレミング、フローリー、チェーンは彼らの共同研究に対して一九四五年にノーベル医学賞を受賞した。

ペニシリンがまだ忘れられた状態にあった一九三〇年代半ばに、セルマン・ワクスマンは土壌中の抗生物質の研究を始めていた。彼は土壌が病気を抑制する能力を持つことに、常に関心を持っていた。この関心は彼の農業的な背景に根ざすものだった。ウクライナの辺地で少年時代を過ごし、後に合衆国では農場で働きながら大学に行っていた彼は、病気になりあるいは死んだ動植物を取り込みながらも毎年のように回復する土壌の自己浄化力に強い関心を抱いていたのだ。

土壌生態学の先駆者であるワクスマンは、成長を促進するビタミンB12のような物質と、阻害する化合物（彼はこれを抗生物質と呼んだ）の両者を微生物が生産して、微生物同士が影響しあっていることを発見した。彼は、土壌から分離した抗生物質のうちに人間の病原体に近縁の微生物に有効なものがあることに気づいた。最初の突破口は一九三二年に開けた。門下生の一人ルネ・デュボスが、ある土壌細菌から生産される化合物が肺炎を起こす細菌を阻害することを発見したのだ。

一九四〇年と四一年にはペニシリンの開発に大きな進展が見られたが、その効果はいわゆるグラム陽性菌に限られていたので、当時大勢の死亡者を出していた「白い疫病」、つまり肺結核の治療には役に立たなかった。しかしその間、ワクスマンらは製薬会社のメルク社と共同研究を始めてこつこつと有望な抗生物質を土壌から発見していた。その多くは、放線細菌という群に属するごく普通の土壌の産物だった。放線細菌は、抗生物質に限らず非常に広い範囲の化合物を生産している。森林土壌の湿った土の匂いは、放線細菌が生産するジオスミンという揮発性の物質によって生じるのだ。一九四〇年にワクスマンはこうした細菌から最初の抗生物質を分離して、アクチノマイシンという適切な名を与えた。それに続いてクラヴィシン、フミガシン、ストレプトマイシンが一九四二年に発見された。それぞれ有望な抗生物質ではあったが、病気に対する効果や動物に対する毒性において弱点もあった。

そして一九四三年、ワクスマンは放線細菌の一種、ストレプトミケス・グリセウスが生産する完全ともいえる抗生物質を、ついに分離した。研究室の実験では、ペニシリンが阻害できなかった多くの病原菌に対して高い効果を示し、メイヨー・クリニックで行われた人間の臨床試験では結核に対して少なくとも部分的な効果を示すことが実証された。セルマン・ワクスマンはこの奇跡の新薬をストレプトマイシンと名付け、それは一九四五年一月二九日付け『タイム』誌のトップニュースになった。ストレプトマイシンは一九四六年には商業生産が行われるようになり、それまで治療できなかった型の結核患者を救えるようになった。その後数年間で、ストレプトマイシンはペニシリンに反応しなかった他の病気の治療にも用いられるようになり、大きな効果を示した。そうした病気としては野兎病、ペスト、髄膜炎、ブルセラ症をはじめとして、大腸や尿路の様々な感染症も含まれていた。ワクスマンは世界が必要としていた抗生物質を発見したのだ。こうしてペニシリンとストレプトマイシンで武装した医者は、かつては不可能だった恐ろしい病気の治癒ができるようになった。

セルマン・ワクスマンは他の抗生物質の開発も続けたが、利益の点でストレプトマイシンに勝るものはなかった。偶然発見されたペニシリンの場合と違って、ワクスマンの新薬の発見は計画的な努力と、目標を立てて綿密な研究を何年間も続けた結果として得られたものだった。自叙伝の中で彼は自分の教え子たちと功績を分かち合い、学問の自由を彼に与えてくれたラトガーズ大学のお陰で成功したと述べている。小さな農学の研究室で仕事していた土壌生物学者が人間の治療で重要な役割を果たすことになって、誰よりも自分で驚いていると回想している。

新しい研究分野の先駆者となったすべての科学者と同じで、ワクスマンもその間たくさんの誹謗中傷を受けた。政府の研究助成金を求める申請書は、彼の研究が基本的で理論的すぎるとの理由でしばしば却下された。土壌微生物学ほど実用的価値のある情報を生み出さない科学分野はないとワシントンＤＣのある著名な科学者に言われたことを彼は自叙伝の中で詳しく述べている。一九五二年にセルマン・ワクスマンがノーベル医学生理学賞を受賞することがストックホルムで発表された時、その科学者はいったいどう思っただろうか。

我々は土壌の持つ二面性の折り合いをつける方法を学ばなければならない。土壌に住む何万種もの微生物の中で、特定の環境条件下で我々人間や食用作物を攻撃して病原性を示す可能性のあるものはごく僅かだ。他方大多数は無害なもの、あるいは直接に利益をもたらす。人間の病気と闘うもっとも効力の高い抗生物質の多くは土から由来するものであるし、農業経営者は土壌微生物を用いて食用作物の病害に対処する方法を学んでいる。実のところ我々は複雑な食物網の一部であって、そこではほとんどすべての生物が天敵をもつと同時に、その生物自身も他の生物の敵になっている。我々は傷口の消毒や破傷風の予防に気をつけ、作物を栽培する土壌を注意深く管理することによって、地下に住む仮想敵との負《マイナス》の出会いを最小限にとどめることができる。

土壌の生物的多様性を守ることに、高い優先度を与えるべきだろう。地下に住む微生物の何千もの遺伝子型のなかには、次の奇跡の薬をもたらすものや、あるいは植物病を制御する新しい生物農薬が含まれているかもしれないのだ。これから見ていくように、我々が地下に住む生物に及ぼす影響を最小限に食い止めることは、相手が我々に対して与えてくる影響を最小限に食い止めることよりも難題になるだろう。

第3部　人的な要因

第8章　危機に瀕するプレーリードッグ

一世紀も続いたプレーリードッグとの戦いに停戦を宣言できたら素晴らしいではないか。アメリカ西部には人間とプレーリードッグの両方が住めるだけの土地があるに違いないと思うのだが。

デーヴィッド・ウィルコーヴ

環境防護局主任生物学者（二〇〇〇）

一九世紀の初めにメリウェザー・ルイスとウィリアム・クラークは有名な西部開拓の探検に出発した。彼らが率いた「発見部隊」は一八〇三年に当時の合衆国大統領トマス・ジェファーソンに任命されたものだった。ミズーリ州セント・ルイスから太平洋岸北西部までの主要水路の地図を作製することのほかに、同じくらい重要なものとして、そこで出逢う自然界の驚異を記述や目録に残すことも彼らの任務だった。

ルイスとクラークは旅行日誌に何千種類という動植物の記録を詳しく書きこんだ。探検の目的であった西部の開拓が、こうした自生種の数々を絶滅の危機に追い込むだろうとは彼らには予想外のことだった。この章ではそのうち三種の動物としてプレーリードッグ、クロアシイタチ、アナホリフクロウを取り上げる。とりわけプレーリードッグはアメリカ西部の草原の生態系の「要石《かなめいし》」として、生態系をまとめる接着剤の役割をもっているので、生態学者の関心事だ。すでにその減少は、地上と地下に住むたくさんの動植物や微生物に測り知れない影響をもたらした。

ルイスとクラークには、足の下に住む生物が重要ではないかと考えてみる理由はほとんどなかった。何しろ彼らの探検は、地下生命の正しい認識をもたらすのに大きな転機となったダーウィンのミミズの本が出版される四分の三世紀前のことなのだ。顕微鏡を携えない探検家による地下生物の観察は限られていたが、その彼らでも、特異な魅力をもつある生物を見逃すはずはなかった。それは穴を掘る動物で、彼らは「鳴きリス」と呼んだ。我々はそれをプレーリードッグとして知っている。ルイスとクラークはプレーリードッグを見た最初の白人ではなかったが（彼らの前に来たフランスの探検家が「小さな犬 petit chien」のことを言っている）、念入りな調査を行って公式の記載を最初に科学の記事に残したのは彼らだった。

最初の出会いは一八〇四年九月七日、冷たい朝のことだった。ミズーリ川を数マイル上って今日のネブラスカ州ボイド郡に到達した彼らは、小さな丘の麓に上陸した。何人かがボートに残って休みを取り、荷物の整理などをしている間に、ルイスとクラークは連れだって気晴らしの散策に出た。こうした機会は珍しいことだった。彼らは辺りを見回すために丘の頂に登ってから、向こう側に下った。彼らは麓にたどり着く前に、あたりの風景に何か変わったところがあるのに気づいた。見知らぬ土地の用心深い旅人である彼らは、立ち止まって辺りをゆっくり探った。周囲いちめん、広さ四エーカーほどの土地に何百個も草に覆われた小さな塚が彼らを囲んでいたのだ。茂った草は均等に刈り込まれていて、手入れの行き届いたボーリングの芝生のようだった。これは人間か、あるいは高度に組織化された未知の大型動物集団による仕業だ。有能なハンターだった彼らの第六感は、周りに何かがいると知らせていた。まもなくして、彼らは周囲一帯に何か動き回る気配があることに気がついた。

　砂色をしたリスのような齧歯類の動物の小さな茶色い目が、何百も彼らに注がれていた。動物たちもルイスやクラークと同じくらい仰天して混乱していた。洞穴の口から覗くもの、果敢にも塚の上に後脚で立ち上がって侵入者を見ようとするもの、半ば攻撃を仕掛けるかのような行動を取り、「歯を鳴らして」威嚇するものもいた。また甲高い鳴き声で静けさを破り、頭と前肢をのけぞらせ、跳ねて吠えるなわばり行動を取るものもいた。一瞬の間に危険という言葉が波のように「村」（後にクラークはこのように記録している）の全体に広がって、ほとんどの動物が姿を消してしまった。静けさが戻った。二人は目をこすった。そして長い棒で巣穴から住人を追い出そうとしてみたが、失敗に終わった。イライラした彼らはボートに戻り、数人の男にシャベルを持ってついてくるように命じた。あの珍しい地下動物を詳しく調べるために数匹捕らえるまで彼らは出発しないことにしたのだ。

　一時間かそこらで片づくと考えていた仕事は丸一日かかり、探検隊ほぼ全員の助けを必要とする大仕事になってしまった。さまざまな長さの棒でつつき出そうとする試みは失敗に終わり、穴から掘り出す試みもまた同様の結果に終わった。巣穴は深く込み入り過ぎていたのだ。むきになった彼らは、樽を始め利用できるあらゆる容器で水を運び、穴に流し込んだ。これも失敗に終わったかと見えて日が沈みかけたその時、びしょぬれになり疲れ果てたプレーリードッグが地下の住処から姿を現した。この不運な生物は、即座に調査と分類のための生け贄《にえ》にされた。

今にして思うと、これ以降白人とその「明白な使命」［西部への進出は神の定めた道であるとしたアメリカ開拓期の精神を象徴するうたい文句。アンドリュー・ジャクソンは一八二八年に大統領選挙の合い言葉とした］にその運命がゆだねられることになったプレーリードッグにとって、これは前兆とも言える出来事だった。一九世紀に始まるプレーリードッグの大量駆除計画のことなど、ルイスとクラークにはもちろん想像すべくもなかった。当時の彼らにとって、動物標本の収集は科学的任務の遂行のための明らかな必要事だった。ルイスの詳しい記述は、地下に住むこの哺乳類に関する最初の報告となるはずのものだった。

その後も探検隊はさらに大きいプレーリードッグの「町」に行き当たった。今日のサウス・ダコタ州に足を踏み入れた一八〇四年九月一七日付けの日誌に、ルイスは数マイルの幅で広がる広大な土地が「前にも書いた鳴きリスの巣穴に占領されている。この動物は無限大の数で生息しているようで、短い草に青く覆われた草原は手入れの行き届いたボーリングの芝生のように見える」と書いている。

新しい町に行き当たるたびにルイスとクラークは地下に住む極めて社会的な動物に心を奪われるようになり、その調査にかなりの時間を費やすことになった。別の記入箇所では、プレーリードッグの形態と特徴を詳しく記した後にルイスは次のように書いた。

この動物は大きな群を作り、その巣穴は二〇〇エーカーに及ぶことがある。時に高さ二フィート直径四フィートにもなる塚は見張り台の役割を果たしている。誰かが近づくと彼らはピーピーピーという鋭い笛のような声を発する。これは群に危険を知らせる警戒信号で、巣穴に身を隠すように呼びかけているのだ。

ノーザン・アリゾナ大学のコンスタンチン・N・スロボチコフ博士が最近行った研究によると、プレーリードッグは捕食者の種類によって異なる警戒信号で鳴くだけでなく、その発声に説明的な「言葉」のようなものが含まれているのではないかともいう。ある面白い研究では、スロボチコフはさまざまな大きさや身なりをした人間がコロニーを通った時の警戒音の記録をとり、これを連続しない別々の日に三回行ってみた。歩く人の服は、ある時は白い実験着、別の時は色鮮やかなTシャツなどと替えてみた。研究者も驚いたことには、記録された声の周波数を詳しく分析した結果、プレーリードッグには人間に対する特別な鳴き声があるばかりか、その声の中にはその人間の服の色や一般的な形に関する情報が織り込まれていることもわかった。ルイスとクラークを見たプレーリードッグは、後に彼らの種の死と破滅に関わることになった「白人」に相当する語を、目録に加えたのかもしれない。

一九世紀の全般にわたって探検者、博物学者、軍司令官たちは彼らの日誌にプレーリードッグ社会の記録を大量に残し、彼らが観察した複雑な社会行動を記述しようとした。その一人がゼブロン・モンゴメリー・パイク将軍だった。彼はミズーリ川上流を旅するルイスとクラークと同じ頃に、アーカンソー川流域を探検していた。もう一人は博物学の画家ジョン・ジェームズ・オーデュボンで、彼は一八五〇年代にプレーリードッグのさまざまな種に関する新しい情報を記している。ジョージ・A・カスター将軍も一八七六年にリトル・ビッグ・ホーン川に向かう途中で、時間を割いてプレーリードッグのことを日誌に書きつけた。

西に向かう開拓者たちが出会ったプレーリードッグの町は、横断に馬で数日かかるほど広大だった。ワイオミング州には長さ一六〇キロメートルになるものもあった。テキサス州にはギネスブックに載るような超大物があり、二万五、〇〇〇平方マイル〔約九、六〇〇平方キロメートル〕ウェスト・ヴァージニア州と同じくらいの広さ）を占め、四億匹が住んでいたと考えられる。北米におけるプレーリードッグの総数は一九世紀の半ばで五〇億匹と推測されている。その共同体はカナダ中央部からテキサスを経てメキシコ北部、そして西はロッキー山脈に至るまで広い範囲に見ることができた。

メリウェザー・ルイスの日誌からは、食物の網目（食物連鎖）や動植物間の相互作用の重要性を受け取る生態学者の感覚がうかがわれる。たとえば九月一七日の記入を見ると、シカ、ヘラジカ、プロングホーン、そしてアメリカバイソン（バッファロー）の巨大な群が、プレーリードッグが掘り返して手入れをした青々とした草原の草を食べることに気づいている。彼はプレーリードッグを捕食すると思われる動物を意図的に探している。この「鳴きリス」の巨大集団の拡大に制約を加えるものが何であるのか疑問に思っていたに違いない。「たくさんの小さな種類のオオカミ、タカ、スカンクなどが見られた。これらの動物がリスを栄養源にしているに違いない」と彼は書いている。

自然界における要石《かなめいし》の役割を果たすプレーリードッグは、ミミズ、窒素固定細菌、その他これまでに出てきた地下の生物に似ていることが、今日では知られている。要になるこうした生物のどれかを生態系から除いてしまうと、互いに影響し合っていた動植物がばらばらになり、不利益を受けるものも生ずる。かつて北米大陸の五分の一近くを占めていた多様性に満ち生産性の高い草原の中で、プレーリードッグがもっとも重要な構成成分だったことは間違いないだろう。

プレーリードッグは手の込んだ仕事をする風景管理者で、彼らのおかげで利益を受ける生物は多い。彼らは丈の高い草や灌木の茂みなどを均一の背丈に刈り込んで、侵入者を見つけやすい状態にする。このように絶え間なく植物を刈り込むことで植物の多様性が促進され、水分に富む背の低い植物種がたくさん残される。そこにはタンパク質を豊富に含んだクローバーや他のマメ科植物も含まれ、こうした植物はアメリカバイソンや飼いウシのような草食の有蹄類（ひづめのある動物）のお気に入りだ。冬になると多くの地域に住むプレーリードッグはおもにウチワサボテンの一種のオプンティア・プリカンサというのを栄養源にしている。家畜はこのサボテンを食べないので、プレーリードッグがいない放牧地にしばしばはびこることがある。木性のメスキット［マメ科の潅木で合衆国南西からメキシコにわたって分布］も、プレーリードッグのいない草地でしばしば優占的になる。この小さな木は草や飼料植物の上に繁って、牧人が家畜を刈り集める時に邪魔になる。

プレーリードッグは日の出とともに活動を始め、植物を食い、庭先の刈り込みを行い、塚のてっぺんで日光浴をして、ダニやノミを退治（たぶん）するために互いに毛づくろいをして数時間を過ごす。日盛りの間にはほとんどの個体が地下に移動し、日没近くにまた少しだけ顔を出してから寝るために再び穴の中に退散してしまう。

目覚めている時間のほぼ半分はバッジャー（アメリカアナグマ）、コヨーテ、キツネ、フェレット（クロアシイタチ）、ボブキャット、ガラガラヘビ、ワシ、ハヤブサ、タカなど捕食者たちに対する警戒に費やされる。塚が彼らの見張り台になる。捕食者が見張りに気づかれず、警戒音を発せられることなしにコロニーに潜入するのは決して容易ではない。それでもひそかに忍び寄った捕食者が時々成功することもあるので、プレーリードッグは食物連鎖における役割も果たしていることになる。プレーリードッグの仲間には、ほとんどの動物が冬眠して食物が乏しくなる冬に活動して捕食者の重要な栄養源になる種類もある。プレーリードッグのコロニーは、周囲の草地に見られるどの動物よりも多くの捕食者を養っているのだ。

プレーリードッグの大きなコロニーを団結させている社会構造は、オオカミやイルカや霊長類で見られるものと同じくらい複雑である。なかでもオグロプレーリードッグと呼ばれる種は特に詳しく研究されている。ごく最近ではメリーランド大学のジョン・ホグランド博士によって詳しい研究が行われている。ホグランドらの研究によってプレーリードッグの「タウン（町）」やコロニーは「ウォード（街区）」に区分され、それがさらに「コテリー（仲間）」という小さな社会単位に分けられていることが明らかになった。ふつうウォードの境界は小川、岩群、植生などの物理的な地形によって定められている。ウォードには数個から一ダースほどのコテリーがある。コテリーは近縁関係の家族で構成され、生殖可能な雌が三、四匹と、「ハーレムマスター」と呼ばれる支配的な雄が一匹、そしてまだ繁殖できない幼少個体が数匹いるものが典型的である。

個々のコテリーは自分のテリトリー（領分）と巣穴を占有してこれを守る。その広さは一エーカーよりもわずかに狭く（約四、〇〇〇平方メートル）、約五〇個の出入り口がある。同じコテリーのメンバーはキスをするような特徴的な行動で相手を確認し合って挨拶する（図８・１）。雄がよそのテリトリーに侵入しようとすると激しい闘いが起こることもあるが、重傷に至るような事態は避けて、たいていは睨み合って歯を鳴らしたり脅したりする程度にとどまっている。

プレーリードッグにとって近親交雑はタブーとなっている。支配する雄は自分の娘が約二年で性成熟すると新しいハーレムとコテリーを求めて移動するので、近親交雑が起こる機会は少ない。雄が移動することによって、コテリーの占有者と遺伝的な背景は時間とともに変わるが、ふつう物理的な境界線は変わらない。雄の寿命は約五年、雌は約八年である。

プレーリードッグのコロニーと社会生活には暗い一面がある。一つのコテリーの中で二匹の雌が同時に子育てしている場合、片方の雌がもう一方の巣穴に入り込んで赤ん坊を殺してしまうことがあるのだ。別の雌の子供を殺すことによって、母親は自分の子孫の競争相手を排除する。攻撃を受けた雌は自分の子を守るが、いったんことが終われば恨みを持ち続けるようなことはしない。皮肉なことに共同育児もよく見られ、幼児殺しが起きたばかりのコテリーでも、しばしば観察される。

共同生活ということは、病気が広がりやすいことも意味している。プレーリードッグはノミやダニが媒介するペストにかかりやすい。この病気は腺ペストあるいは「黒死病」として知られていた暗黒時代以降は、人間にはそれほどの脅威ではなくなっている。感染の危険がある人は予防接種を受けることができる。また毎年発生する一握りほどの感染者には、よく効く抗生物質がある。しかし、ことペストに関する限り、プレーリードッグは依然として暗黒時代に生き続けているので、短期間にコロニーが全滅してしまうこともある。

図8・1　同じ家族あるいはコテリーに属する2匹のプレーリードッグの間で行われる特徴的な「キス」の挨拶。Tom and Pat Leeson の厚意による。

約一〇〇年前に北アメリカに腺ペストを持ち込んだのは我々人間であり、ヨーロッパ（ことによるとアジア）から運んだ動物についていたノミによって運ばれた。新世界に上陸した移民は天然痘を始めとする人間の病気も持ちこんで、プレーリードッグと同じように耐性を持たないアメリカ先住民を何十万人も死に至らせることとなった。しかしアメリカ先住民および動物に対する病気の影響は、どちらもヨーロッパから来た開拓者の本格的な取り組みによって次第に姿を消していった。

残念なことに、今でははるか地平線まで続くようなプレーリードッグのタウンを見る機会に恵まれる人は一人もいない。メリウェザー・ルイスのような熟練した探検家が思わず日誌に記さずにはいられなかったような光景は、過去のものになってしまったのだ。プレーリードッグの共同体は、彼らと共存してきたアメリカ先住民の共同体と同じように、野望に燃えた開拓者の西部進出の犠牲になった。大平原やロッキー山脈で小さなタウンをあちこちに見ることはできるが、その数は大幅に減り、分断されている。今日プレーリードッグの安全は政府が保護する土地の中でのみ保証されている。彼らが北アメリカで占有する面積はかつての面積の二パーセント以下となり、個体数はこの一世紀で九〇パーセント減少した。

大平原に住みついた農業経営者や牧場主は、彼らが侵入した土地に先住していたプレーリードッグを社会の大敵とみなした。プレーリードッグが植物を大量に消費するという誇張された考えにとらわれた牧場主は、家畜を放牧するならば同じ土地のプレーリードッグを完全に駆除しなければならないと確信した。そして自然を「征服する」というパイオニア精神のもとに、毒殺キャンペーンが始まった。

アメリカバイソン、ヘラジカ、プロングホーン、シカの群れは数世紀にわたって、プレーリードッグが手入れした草原で繁殖してきたのだが、こうした土地の生態学は無視された。バランスのとれた生態系のなかで捕食者による抑制を受けている場合には、プレーリードッグのコロニーは野生動物はもとより家畜にも好まれるみずみずしく栄養価の高い飼料作物の成長を促進させることもある。プレーリードッグのそのような利点はまるで考慮に入れられなかった。

一八八〇年代になると、牧場主はストリキニーネを混ぜたオート麦を武器としてプレーリードッグと戦うようになった。しかしプレーリードッグの数は多すぎて、全部を退治するのは難しいことがわかった。世紀の変わり目頃には、この戦いの経済面に疑問を抱く牧場主も現れたが、一九〇二年には合衆国生物調査機構（合衆国魚類野生生物局の前身）の責任者であるC・H・メリアムが毒殺キャンペーンを公式に支援する旨を発表した。科学的証拠ではなく風聞にもとづいて、彼はプレーリードッグのコロニーが草原の生産性を五〇〜七〇パーセント減少させると公表した。しかしその数字は、プレーリードッグに対する牧場主の憎悪をかき立てるために一〇倍誇張されていたことが最近の研究では指摘されている。

一九〇〇年代初期の大平原地帯は、プレーリードッグに対する好戦心理に捕らわれていた。もっと慎重で理性的な管理方法が提案されても、それは無視された。当時を振り返って批判するのは容易だが、屋内や庭の「有害動物や害虫」を退治しようと躍起になったことがある人ならば、それがエスカレートしやすいことはわかると思う。大平原の牧場主は、彼らの生計手段が危険にさらされていると思いこんだ。しかし不運なことに、彼らの戦いは庭よりもはるかに広大な規模で行われた。かつて北米の五分の一近くを占めていた草原の生態系全体を巻き込む戦いとなったのだ。

一九〇〇年代初期には、プレーリードッグの住処が組織的に破壊されたが、薬殺に多大な費用をかけた多くの地主は経済破綻に近づいていった。振り返ってみると、この責任は牧場主よりも、一歩下がって冷静な頭で状況判断を下して自然資源の長期保存を考える責任を果たせなかった役人にあっただろう。

一九一五年になると連邦政府（つまり合衆国の納税者）は毒殺費用の七五パーセントを助成し始めたので、撲滅キャンペーンは牧場主たちにとって「経費効率」の良いものになった。連邦資金によるプレーリードッグ研究は理性的な政策に向かう生態学的な研究から外れて、毒殺方法の効果を向上させることだけに目を向けるようになった。一九二〇年ころには、毎年何百万匹ものプレーリードッグを殺すことが合衆国生物調査機構の仕事になっていた。その年だけを見てもストリキニーネをまぶしたオート麦一、六一〇トンが一、八〇〇万エーカーの牧草地と四五〇万エーカーの公共地に散布されている。一九二五年には捕食動物および嚙歯類防除局という全く新しい部門が設立されてこの事業を扱うことになった。

このような組織的な努力はある程度の「成功」を収めた。プレーリードッグのコロニーが占有していた土地の面積は一八七〇年に総計四、〇〇〇万～一億ヘクタールだったが、一九六〇年代までに六、〇〇〇万ヘクタール以下に減少したのだ。毒殺と病気の両者を免れたコロニーは、初期の開拓者たちが目撃したものに比べると極めて小さくて、地理的に隔離されているので存続が危ぶまれている。米国国立公園の域内や、牧場として不適当な土地に難を逃れて生き延びたものがいなければ、プレーリードッグは全滅していたのかもしれない。

図８・２　プレーリードッグの小さなコロニーに毒を撒いたあとの死体の山。1900年代初期ころに撮影された写真。Predator Conservation Alliance の厚意による。

最近の費用便益分析では、毒殺計画が正味では赤字経営になることが明らかになっている。しかしながら政府の助成金があることと、代替案を地主たちが信用していないことから、合衆国の貸出地でもまだ続けられている。その結果、アメリカの大草原地では生態系のバランスが崩れてしまった。家畜の放牧し過ぎを控えて、天敵を呼び戻せるくらいにプレーリードッグのコロニーを広げることが、解決につながるかもしれない。そのような土地管理の方法に移ることから生じてくる経済的リスクを農場主に対して助成する方が、要石になるべき動物種の完全撲滅を目指す果てしないキャンペーンよりも、おそらく安くつくだろう。

しかし姿勢が変わる兆しはある。一九九八年七月に全米野生生物連盟（NWF）と捕食動物保護同盟（PCA）は、オグロプレーリードッグを絶滅が危ぶまれる種の法にもとづいて「絶滅の危機に直面している」種のリストに加えるように要請した。二〇〇〇年二月には、これに関して合衆国魚類野生生物局の予備的な決定が発表された。要請には「然るべき理由」があるが、さらに追加の情報がないと、ただちには認可できないとされたのだ。さしあたり政府機関は公共地に保護対策を導入し、この動物種の状態を毎年調査することに同意した。

プレーリードッグにとって大平原での毒殺は壊滅的だったが、彼らを捕食する地下に住む他の動物の存続には、さらに大きな打撃が加えられた。とりわけ最大の危機に直面したのは、プレーリードッグを専門に捕食するクロアシイタチだった（図8・3）。一九五〇年以来数回にわたって、科学者はタオルを投げ入れてこの種の絶滅を宣言しようとした。しかしそのつど、どこかで新しい居住地が発見されたり捕獲個体の繁殖にある程度の成功が見られたりして、新たな猶予期間が生じた。一九世紀の半ばごろには一〇〇万匹に近い数のクロアシイタチがプレーリードッグと共存していたと推定されているが、二〇世紀の終わりにはその数は数ダースまで減ってしまった。今日では北米原産の哺乳類のうちで最も希少な動物と言えるだろう。

図8・3　クロアシイタチ。北アメリカでもっとも希少な哺乳類の一つ。合衆国地質調査所、生物学研究部門のDean Bigginsの厚意による。

クロアシイタチは主な獲物として自分と同じくらい、あるいはそれ以上の大きさのものを捕らえる捕食動物だ。このイタチはその仕事ぶりにふさわしい特徴をすべて持ちあわせている。可愛らしい外見の下にはおそろしく強靭な顎、地下で動き回るのにふさわしい細長い体、そして鋭い嗅覚が備わっている。冬になっても、一フィート（三五センチメートル）あるいはそれ以上の深さに積もった雪の下にある巣穴を、簡単に見つけることができるのだ。背骨は非常に柔らかくて、狭いトンネル内でゴムのように反転して自分の尻の上を歩いて方向変換することができる。

クロアシイタチの攻撃方法と「必殺の一咬み」は聞く者を震え上がらせる。イタチは真夜中にコテリーの穴に忍び込み、一匹で眠っているプレーリードッグを探し出す。しかし直ちに一撃を加えるのでなく、獲物からわずか一〇センチメートルくらいのところまで注意深く近づく。用意万端整うと片方の前脚を伸ばしてプレーリードッグの肩の辺りをトントンとやさしく叩く。プレーリードッグが、どうしたのかと寝ぼけ眼を開いて起きあがり頭を上げるその瞬間に、長い犬歯を首に突き立てるのだ。

四〇〇ヘクタールのコロニーには数千匹のプレーリードッグが住むことができるが、そこで維持できる繁殖可能なクロアシイタチの数は五～一〇対にすぎない。イタチは近親交雑を避けるので、別のコロニーに住む他のイタチ集団と接触をとる必要がある。不運なことに、今日存在するほとんどのプレーリードッグのコロニーは小さくて分散しているので、イタチが長期にわたって生き続けるのを保証できない。イタチはプレーリードッグ殺しの達人ではあるが、他動物による捕食に関してはそれほど競争力がないので、死を免れることはできないのだ。

必死の捜索にもかかわらず、一九四六〜一九五三年には野生のクロアシイタチはわずか七〇匹しか発見されなかった。一九六〇年代半ばに、多くの生物学者は絶滅を宣言しようとしていた。米国の「絶滅危惧種（種の保護法）」が一九六六年に可決されたとき、クロアシイタチは真っ先にリストに登録された。一九七〇年代にはごくわずかな観察例しか報告されなかったが、合衆国魚類野生生物局は何匹かを捕えて繁殖させ保存しようとしていた。これによって、一方ではイタチの餌になるプレーリードッグを壊滅させる事業、他方ではイタチを絶滅から守る必死の努力という相反する二つの計画を、政府は実行することとなった。案の定、この分裂的な方法はほとんど成果を上げることができなかった。

捕獲された最後のイタチが一九七九年に死んだとき、ほとんどの人がこの話は終わったと思っていた。しかし、一九八一年九月のある夜、ワイオミング州ミーティーツェの牧場のシェップという老犬が、イタチを殺して自分の食器の傍らで食べていた。シェップの飼い主であるジョンとルシルのホッグ夫妻は、その動物の見慣れぬ毛皮に感心してそれを保存しようとして地元の剥製師のところに持っていった。剥製師は一目でそれと気づき、当局に連絡をとった。

それから数日以内に政府機関や大学の専門家がこの地を訪れて殺されたイタチの家族を探そうとした。資金不足にもかかわらず、彼らは幾晩も懐中電灯でプレーリードッグの住処を照らしながらクロアシイタチの特徴的な目の反射を探し求めた。そして冬がやって来る前に、生存能力のあるかなりの個体数がこの地域に生きていることが確認された。アメリカ人はまだこの素晴らしい自然遺産を完全に排除したわけではなかったのだ。

しかし残念なことに、ミーティーツェ近辺で発見された少数のイタチは一九八五年にイヌのジステンパーやペストの被害を受けた。急遽会合が招集されたが、対策について具体的な合意に達することはできなかった。捕獲できるイタチをすべて捕らえるか、そのままにして病気を媒介するノミを殺すために大量の殺虫剤を散布するかと、大学や政府機関の人たちが優柔不断な態度で議論している間に貴重な時間が失われていった。ついにイタチの数が最後の一〇匹まで減少した時、六匹が捕獲され、残りの四匹がそのまま野に残された。そして最終的には再生に利用できる四匹の健康な雌と二匹の雄を手にすることができた。ひどい夏だったが、何はともあれイタチは絶滅しなかったのだ。

一九八〇年代後期と九〇年代初期にはこの希少動物を保護する運動に数十の公私の団体が参加するようになった。これは一般的には建設的な運動だったが、決断を下す明確な権限を持つ団体や機関が一つもなかった。そのことから、関係するいくつかのグループが捕獲した動物を飼育する権限を競い合うようになった。地方根性も噴出した。ワイオミング州の当局者の中には、ヴァージニア州により良い飼育施設があるにもかかわらず、クロアシイタチを州外に出すのを躊躇する者もいた。

やがてこうした多くの問題が解決されて、多くの善意あるグループの間に協力体制が生まれた。二〇〇〇年の春には少なくとも三五の公私の団体が力を合わせて、捕獲したイタチを飼育して自然に戻す運動を行っている。こうしたグループは捕獲した動物の繁殖、病気の管理、自然に戻す動物の行動の条件付け、そしてプレーリードッグの政策など、我々が最近得た知識を利用するようになった。捕獲された動物の半数はワイオミング州ミーティーツェの近くに設立された全米クロアシイタチ保全センターに収容されている。残りはヴァージニア州フロントロイヤルの全米動物保全センター、あるいはその他合衆国内の動物園や保全施設で飼育されている。捕獲集団を、近親交雑を最小限にとどめつつ約二四〇個体に保ち、毎年何頭かのイタチをいくつかの場所で自然に帰すことを目的としている。

最近クロアシイタチはワイオミング州、サウスダコタ州、モンタナ州、ユタ州、アリゾナ州に再導入されている。しかし長期的に見たこの動物の成功はまだ確かなものではない。捕獲によって、野生で生きるのに必要な能力が衰退するのは明らかだが、管理された条件下でプレーリードッグのコロニーや、アナグマのように捕食者になりうる相手を体験させれば十分な準備ができると考えるまことに楽天的な生物学者が多いようだ。しかし一部の科学者は、そのような条件付けが長期的に見て成功するかどうか疑わしいと思っている。時間がたてば答は自ずと明らかになるだろう。

生き抜くための能力を失うことは、クロアシイタチにとっての問題のうちではもっとも小さなものかもしれない。このイタチが生きのびてゆくのに必要な最小集団にとっては、少なくとも数千匹のプレーリードッグが住んでいるコロニーが必要なのだ。私有地でも公有地でも毒殺が続くなかで、これだけの大きさのコロニーは次第に少なくなっている。

現在のニューメキシコに最初の開拓者としてやってきた人々にとって、ズニ・インディアンは貴重な情報源だった。開拓者たちは現地の野生生物について、神話と現実が織り合わされた物語をたくさん聞かされた。その一つは地下のプレーリードッグとともに巣穴に住む小さな鳥の話だった。ズニ族はこの鳥のことを「プレーリードッグの祭司」と呼んでいた。

ルイスとクラークもプレーリードッグと仲良く暮らすいろいろな動物の話を聞いていたが、ズニ族が話していたアナホリフクロウは彼らの日誌に一度も登場していない。手のひらにすっぽり入るほど小さいフクロウの仲間のこの鳥はプレーリードッグがいるところでよく見られるのだから、彼らが記述を残していないのは不思議なことだ（図8・4）。ことによると記録がなくなってしまったのか、あるいは大平原でもっとも面白い動物の相互作用を、どうしたわけか見落としてしまったのかもしれない。

このフクロウは自分で穴を掘るわけではないので、アナホリフクロウという一般名は誤解を招く名前だ。彼らは穴を借りているにすぎず、プレーリードッグや地下に住む他の動物が残した巣穴に移り住む。アナホリフクロウから見ればプレーリードッグの巣穴は通気性に優れた部屋であるほか、手入れの行き届いた庭と止まり木になる塚も完備しているので最高級の物件なのだ。日中と夕暮れは巣穴の入り口近くの塚の上に立ち、捕食者を警戒したり昆虫や食糧を探すことができる。プレーリードッグとフクロウは捕食者を交代で「見張って」互いに利益を得ると考えられている。他のフクロウとは違って夜行性ではないが、プレーリードッグに比べると早起きだし、ずっと遅くまで起きている。

アナホリフクロウはプレーリードッグやクロアシイタチに比べて広い地域に分布している。北米西部の大部分、さらに中南米の一部、フロリダ、カリブ地域にも生息している。一七八二年にこの鳥の記述を初めて残したチリの聖職者モリナ神父がラテン語の「ウサギのような」という意味を持つ「クニクラリア」という種小名（「種名」）を思いついた。この名から、彼が観察したフクロウはたまたま巣穴をウサギと共有していたことが示唆される。プレーリードッグがいない場合には、他の動物の巣穴を代用することもできるようで、プレーリードッグに次ぐお気に入りはジリスの巣である。この他ウサギ、マーモット、カンガルーネズミ、アルマジロなどの巣穴も利用する。彼らがもっとも恐れる捕食者であるアメリカアナグマが捨てた巣穴に、果敢にも住み着くことさえあるという。フクロウはアメリカアナグマの穴の入り口や壁を家畜その他の動物の糞で覆う。これは巣穴の持ち主を寄せつけない効果的な戦術のようだ。

フロリダ州に生息するアナホリフクロウの亜種だけは自分で巣穴を掘ることができるが、その理由はまだ謎のままである。フロリダの柔らかな砂状土壌が掘りやすかったのか、あるいは捕食者が少なかったから（従って深い巣穴は不要）かもしれない。ことによると、このフクロウは穴掘りのノウハウをアメリカの他の場所に住む親戚たちよりも効果的に代々伝えることができたのかもしれない。

アナホリフクロウは繁殖期間中一夫一婦を守り、プレーリードッグのようなハーレムは見られない。繁殖期を前にした晩冬や初春になると、つがいになったばかりのフクロウが地下の家を物色しているところを見ることができる。時には望みの物件を手に入れるためにプレーリードッグやジリスを攻撃して追い出すこともあるが、主のいない穴を選ぶことが多い。地下に心地よい広い空間があり、入り口近くの草丈が低く、捕食者を見張ることができる塚や止まり木、そして餌場が近くにある場所をフクロウは探しているのだ。

餌としては昆虫、マウスなどの小型の齧歯類（プレーリードッグやジリスは大きすぎる）、小さな爬虫類や鳥などが好まれている。このフクロウが必要とする巣穴周辺の開けた草地の広さは、数エーカーのものから食糧の少ない乾燥地域では数百エーカーまでさまざまである。アナホリフクロウは半コロニー性で、周辺に数家族が住む程度を好み、多くて接近しすぎるのは好まない。彼らは人間が手を加えた土地にも容易に適応できる。ゴルフコース、公園、空港、空き地、高速道路のクローバー型交差点インターチェンジにも小さなコロニーが住み着いているのが観察されている。

巣穴が決まると、雄はしばしば羽毛、甲虫の羽、さらに都会ではスズ箔、ファストフードの容器を裂いたもの、タバコの吸い殻などで入り口を飾り立てる。入居したカップルは巣穴が破壊されてしまわない限り、滅多なことでは住処を変えない。巣穴に対して忠実な傾向は、冬になると南に渡るフクロウにも見られる。冬の間留守にしていたカップルが北の繁殖地に戻ると、もと住んでいた夏の巣が残っている限りそこに向かう。つがいあるいは親鳥と幼鳥が頬を寄せて巣穴の近くに立っている姿をしばしば目にすることができる（図8・4）。

繁殖期になると雄は相手の情熱をかき立てようとして芸をいくつか披露する。「求愛ディスプレー飛行」で空気力学的な腕前を実演してみせる。素早く高度三〇メートルまで急上昇して五〜一〇秒間のホバリング、そして地表近くまで命知らずの急降下をしてから再び急上昇する。これを数回繰り返し、時折おまけに急速な旋回を行うこともある。好印象を受けた雌は、疲れ果てた雄の頭や顔を羽づくろいして労をねぎらう。

歌が上手《うま》いことも雌の関心を引く条件だ。アナホリフクロウは他のフクロウのように「ホーホー」と鳴かない。どの雄にも独自の「主要な歌」がある。雄のフクロウは雌を誘う他に、他の雄に自分の縄張りを知らせるときにもこの歌を使う。声で雌の心を捕らえられなかった場合には、雄はプレゼントを贈る。それは新鮮で美味《おい》しそうなヒキガエルや、丸々と肥った昆虫の幼虫のようなご馳走である場合が多い。

図8・4　巣穴の入り口近くに立つアナホリフクロウのつがい。Phyliss Greenbergの厚意による。

交尾を行う直前に雄と雌は互いに羽を膨らませて顔にある白い羽を見せ合い、その間、雄は雌を見下ろすようにすっくと立ち、雌を誘うような目つきをする。セックス自体は巣穴のプライバシーのなかで行われることが多いが、時々黄昏《たそがれ》時に地上で目撃されることもある。交尾が終わると雄は「クークー」と祝いの歌を歌う。

すべてが順調にゆけば、雌はほどなくして五〜一〇個の卵を抱くことになる。この数は猛禽類の中でもっとも多い。わずか一か月足らずで雛が孵る。雄は雌と雛に餌を運び、あらゆる侵入者から巣を守る。別の雄や他の動物が接近しすぎると、雄は主要な歌で自分の領土を宣言しながら体を素早く上下させる。効果がない場合には、翼を広げて大胆に自分の姿をさらす。すべてが失敗に終わった場合には、嘴や爪を立てながら侵入者に飛びかかる。巣穴の雛は危険を感じると、あの恐ろしいヘビを真似た「ガラガラヘビの音」で叫ぶ。アナホリフクロウとガラガラヘビが巣穴を共有するという（誤った）伝説は、この悲鳴から生じたのかもしれない。

両親の必死の努力のかいもなく、繁殖可能な成鳥まで無事に育つ雛鳥は平均して三分の一にすぎない。成鳥の寿命は約五年である。

アナホリフクロウの住処はヨーロッパ人がアメリカに定住し始めてから徐々に減少している。当然のことだが、もっとも大きな損失はプレーリードッグによって作り出された土地が九八パーセントも減少したことだった。また農地の拡大や都市化に伴ってさらに減少が生じている。新たな農地の開拓によって毎年何千もの地下の繁殖地が破壊される。農薬も損失をもたらしている。卵の殻が薄くなったり、胚の発生に異常が生じているのだ。またフクロウは巣穴の建設をしてくれるプレーリードッグやジリスなどの毒殺によって、間接的な被害を被っている。都市部では人間の妨害、営巣地の舗装などが問題になる。場所によっては乗り物に轢かれたり故意に撃ち殺されたりすることもある。

アナホリフクロウは南米のいくつかの地域では完全に姿を消してしまい、カナダそして合衆国のミネソタ州、アイオワ州では「絶滅の危機に瀕している」動物のリストに記されている。カリフォルニアを始めとする西部の多くの州では、もとの草原の住処はほとんど残されていない。そしてアナホリフクロウの数は一世紀前に比べるとはるかに少なくなっている。

「特に心配される」状態にあるカリフォルニア州に生息するアナホリフクロウの運命は、急激に開発が進む他地域の来るべき姿を表す指標になるのではないだろうか。カリフォルニア州にはそれほどプレーリードッグがいないので、フクロウはカリフォルニアジリスの古巣に住むことが多い。人間が手を加えた土地にも適応しているが、その中で生き残ってゆくことは年々困難になっている。カリフォルニアに生息すると考えられている九、〇〇〇つがいのうち八〇パーセントは、もっとも活動的な農業地帯のサンウォーキンヴァレーとインペリアルヴァレーに生息する。これらの地域では耕作と殺虫剤によって数の減少や弱体化が進んでいる。サンフランシスコに近いあの有名なシリコンヴァレーも歴史的に重要な営巣地だったが、コンピュータやインターネットの会社が新設されるたびに建物や駐車場に土地を奪われてゆく。

サンウォーキン大学のリン・トゥルリオ博士はカリフォルニアジリスとアナホリフクロウの専門家

で、この一〇年間はシリコンヴァレーにおけるアナホリフクロウ保全運動の最先端にいる。彼女を始めとする科学者たちや関心をもつ市民の努力の甲斐もなく、フクロウの数は半減した。実際問題として、「特に心配」する状態ではフクロウを十分に保全することはできないのだ。それでは生息地の破壊を防ぐことはできず、開発地からフクロウを移住させる何らかの努力をするように要求しているにすぎない。移住は中途半端で、失敗に終わることが多い。

シリコンヴァレーでの闘争は山あり谷ありだった。公有地や私有地の地主のうちにはフクロウの保護に非常に協力的な人々もいた。たとえば数年前のことだが、モフェット空軍基地から敷地内にある広さ九〇〇エーカーの草地に住むかなりの数のアナフクロウの扱いについて助言を求める電話が、トゥルリオにあった。開発のために「フクロウ問題」を排除することだけを望んでいた近隣の市当局と仕事をしてきたトゥルリオにとって、これはまさに大きな転機だった。一九九二年以来、モフェットの米国海軍とNASAはトゥルリオとともにフクロウの保護を行い、彼女の研究の一部に資金を提供している。

それとは対照的な悲劇的な出来事もたくさん起きている。その一例はトゥルリオの自宅からわずか数ブロックのところで起きた。彼女が研究していた三つがいのフクロウが住んでいた一四エーカーの土地の開発計画が発表された。これらのフクロウ家族たちと馴染みになっていた多くの地元住民は事態を心配した。地域のペットとして考えている人さえいたのだ。地元のオーデュボン協会はフクロウの営巣地を含む七エーカーの土地の開発を、移住計画（「特に心配される」状態に対して義務づけられている）

が整うまで制限するか延期するように市議会に要求した。一〇〇名以上の市民が、採決が行われる夜に議会に顔を出す約束をした。それは支援を表明する目覚ましい行動だった。トゥルリオはフクロウを救えることを期待していた。

しかし、事態はそのようには運ばなかった。採決が予定されていた日の午後、トゥルリオは別の活動家から電話を受けた。開発者が計画地に出向いて、対象になっていた土地の大部分を掘り返してしまったというのだ。フクロウが住んでいる巣穴を破壊するのは違法だが、鳥の死骸が発見されない限り告訴されない。死骸の発見は不可能だった。さらにひどいことにはその夜、市議会の投票は開発者に賛成する結果だった。

大部分の都市や農業地域の場合と同様に、カリフォルニア州においてもアナホリフクロウの法的身分は彼らを救ってくれることにはならないだろう。もっと多くの地域でもっと厳しく「絶滅の危機に瀕した」動物として認められるように運動することも一つの選択肢ではあるが、多くの人々はそのような活動は社会の反感をかき立てるだろうと考えている。我々の地域社会のなかに残される自然の空間が、野生動物の住処以上のものである点を強調して、市の計画者や土地所有者個人の関心を高めるのが最善の方法だと考える人もいる。こうした空間は我々人間に強く求められている憩いとレクリエーションの場所を提供して我々の生活の質を向上させ、健康に寄与し、全体として土地の価値を高めること（これが決め手かもしれない）にもつながる。我々の地域社会で危機にさらされているアナホリフクロウその他の動物は、乱開発の速度を下げさせ過剰な開墾や農薬使用を抑制して、みずから招く危険から自分を守る減速装置の役割を果たすことができる。アナホリフクロウ、プレーリードッグ、そしてクロアシイタチを救おうとする個々の努力には相乗効果の可能性もある。もしも実現すれば、この相乗効果が最終的に三種すべてをよりよく保護することになり、そしてアメリカ西部に広がる草地の生態系の保存につながるかもしれないのだ。

第9章　大地

そして彼は時折身を屈めて土を手に取り、座ってそれを握った。彼の指の間には命が満ちているようだった。彼はそんなふうに満足して土を握っていた。

パール・バック『大地』（一九三五）

人間は風景のなかを横切って歩き、そのあとに砂漠がそれを追ってゆく。

ヘロドトス（紀元前五世紀）

賢い生物である人間は、やさしくこの大地を歩む方法をまだ知らない。この大地、正確には土壌から我々は必要な食物の九七パーセントを得ている。一九世紀の終わりから二〇世紀初頭にかけて大平原の自然を征服しようとした結果として、プレーリードッグや他の動物が絶滅に近い状態に陥り、環境にも多大な影響が及んだ。地域における土壌保全の必要を軽視した結果として、一九三〇年代には深刻な土壌侵食が生じて「ダストボウル（黄塵平地、乾燥地帯）」として知られるようになった。このダストボウル時代に目撃されたような猛烈な砂嵐は今日めったに起こらないにしても、合衆国では侵食される土壌の量は形成される量よりも少なくとも一桁上回っている。そして世界のその他の多くの地域では、さらに深刻な事態が生じている。

我々人類の活動の多くのものが、侵食を起こす以外にも土壌の生物資源や将来の食糧確保に対して、それと気づかれないまま地球規模の影響を及ぼしている。我々はかつてないほど大量の有害廃棄物を地中にたれ流している。大気汚染から生ずる酸性雨や気象の変化は土中の生命に直接影響を与え、地球の全生命にとって重要な栄養循環その他の過程に影響を及ぼす。

この章ではこうした問題、つまり土壌侵食、有害廃棄物、気象の変化などの事柄を人間と地下に住む生物の関係にもとづいて考えてみたい。多くの科学者と同様に、私も人間の活動がもたらす長期的な結果を心配している。今日の我々は一世紀前に大平原を開拓した人々よりもその結果をよく理解している。問題はこの知識をどのように利用するかというところにある。短期的な利便のゆえにそれを無視する人もいるだろう。しかしピュリッツアー賞を受賞したエコロジスト、エドワード・E・ウィルソンが言っているように、「懸念をもつエコロジストや懸念をもつ医者を心配性だと言って片づけてしまうのは間違い」なのだ。絶望的になったり責任の追及に没頭したりせずに、その知識を生かして未来のために適切な判断を下し、できれば過去の問題のいくつかを清算することが我々の課題である。

一九三五年三月一五日にカンザス州西部の住人たちが目覚めた時、風はすでに砂塵を巻き上げていた。彼らはこのような状態には慣れていた。ここはダストボウルの中心に近かったし、春の砂嵐は日常的だった。しかし、時間がたつにつれて空はますます暗くなり、あのひどい「黒い砂嵐」がやって来ることが確かになると、人々は不安げに動き回った。昼になると辛うじて見える太陽は紫緑色の不気味な色合いを帯びていた。車はヘッドライトを点けて走っていたが、視界が悪くなり、都市の道路や高速道路の交通は止まってしまった。嵐が去るまで車の中で待つ者もいたが、パニックを起こし車を捨てて柵や縁石をたどり、避難場所を求めて必死に近くの民家を探す人々もいた。田舎では家畜が吹雪を避ける時のように寄り添って舞い上がる砂塵と闘った。立ち往生した九歳の男の子が道に迷ってしまった。彼は猛烈に吹き付ける風の中で空気を求めてもがいた。翌朝になって発見されたとき、彼は負傷して柵の鉄条網に絡まっていた。降り積もる砂塵から頭を出そうとして必死によじ登ったのだ。そこから一〇〇マイルほど離れたカンザス州ヘーズ近くの七歳の少年の場合は、それほど運がよくなかった。捜索隊は、粉のような埃の中に埋まった彼の死体を発見したのだ。

このようなダストボウルの悲劇を引き起こした干ばつは一九三二年に始まって一九三五年にピークに達し、一九四〇年に雨のサイクルが戻るまで断続的に続いた。ダストボウルの中心地はテキサスとオクラホマの細長い一帯（パンハンドル）だった。ニューメキシコ州北東部、コロラド州南東部、カンザス州西部のかなりの地域も影響を受けた。しかし砂嵐はこの地域を超えて、はるか東海岸や大西洋上数百マイルまで吹き荒れることもあった。

大平原南部は歴史的にも周期的な干ばつと春の強風に襲われる地域だったが、そこに自生する根の深い草が軽い砂状の土を抑えていたので、風による破滅的な侵食をどうにか免れていた。しかし一九〇〇〜一九三〇年の急速な農業開発の時代に変化が起きた。農夫は小麦のような一年生の換金作物を植えるために自生する草地のかなりの部分を掘り起こしてしまった。小麦や他の換金作物は、もとの草地ほど土を保持できなかった。そして一年のある期間、広大な土地が全く何も植えられずに放置される例もしばしば見られた。この時代に行われた家畜の過放牧も草地を退行させた。

大平原南部の多くの土地所有者は、遠く離れた都市部に住む「スーツケース・ファーマー（不在農園主）」で、小区画の土地を利権を持たない比較的貧しい借地人に貸していた。土地価格が高くなったの

図9・1　何トンという表土が侵食された農地から「黒い吹雪」となる。こうしたものが、「ダストボウル」時代の大平原では普通に見られた。Kansas State Historical Society の厚意による。

で、一九三〇年頃には借地人の割合が四〇パーセントまで増加した。離れたところに住む地主とやたらに数の増えた借地人の中で、土地保全の長期的な見方をする者は少なかった。

そのうえ多くの農家は土地の回復力を過信していた。オクラホマ州ガイモンのある農夫の言葉を引用する。「風で表土を吹き飛ばされても構わない。もっと掘り返すまでだ。……パンハンドルの土地を本当に傷つけることなどできやしない」。もちろんこの考えは間違っていた。養分と微生物が豊富に含まれた大平原の表土も、よその表土と同じように何千年もかけて形成されたもので、管理の方法を誤ればあっという間にだめになってしまうのだ。パンハンドルでは農地を開墾して商業用の小麦の生産を始めてからわずか五、六年で生産性の高い農地が役に立たなくなる場合が多かった。裕福な土地所有者はこうした土地を見放して別の場所に移動したが、その跡には何も生えることができず侵食を受けやすい土地が残された。蒸気と燃焼機関で動く大型トラクターが導入されて事態は悪化した。耕しすぎて土壌を粉砕しすぎたのだ。こうして技術の誤用がダストボウルの大惨事をもたらした。ちなみにジョン・スタインベックは『怒りの葡萄』の中で、この悲劇で主役を演じたトラクターのことを「ずんぐり鼻の怪物」と書いている。

一九〇〇年から一九三〇年には珍しく降雨量が多かったので、農作は容易だった。そのことも手伝ってその時代に大平原の開拓が急速に進み、この地域は変貌を遂げた。オクラホマ州シマロン・カウンティーの年間降雨量を見ると、一九〇〇〜三〇年には五〇〇ミリメートル、とりわけ一九一四〜二三年は七〇〇ミリメートルと多かった。そして一九三四〜三九年になると干ばつの周期に入り、年間降雨量は三五〇ミリメートル以下、場所によっては二〇〇ミリメートル以下に落ち込んだ。例外的に多雨で、風食の心配がほとんどない時代に育った農夫たちは一九三〇年代に突然ひどい干ばつ、そして数十年間土壌を酷使してきた反動に直面することになった。

カンザス科学アカデミーはダストボウルの嵐を細かく分類する複雑なシステムを開発したが、地元に住む人々やジャーナリストから見れば嵐はどれも「ダスター（砂嵐）」で、中でも最悪のものが「ブラックブリザード（黒い吹雪）」だった。それは局地的に生じるもので、地表近くで沸き立った埃が時速三〇～六〇マイル（約五〇～一〇〇キロメートル）で移動しながら視界をゼロ近くまで遮り、柵を覆い、家や財産に被害をもたらし、動物を窒息させ、そして時には人間を窒息させた。

大平原の住人には局地的な黒い吹雪が恐怖だったが、大規模な土壌破壊を実際にもたらしたのは別種の砂嵐だった。西の低気圧が引き金になるこの嵐は、広域から何トンもの表土を高度数千フィート［一、〇〇〇メートルほど］まで巻き上げ、赤茶色の埃の雲はジェット気流に乗ってアメリカ大陸を横断した。低気圧の嵐によって地表で生ずる埃は、黒い吹雪によるものほど密ではないが、それでも辺りをかすませて目、鼻、喉に炎症を起こし、呼吸器に負担をかけた。

一九三四年五月一二日に『ニューヨーク・タイムズ』はマンハッタンが「部分日食の太陽光で照らされているようにかすんだ。……そして大部分の埃は涙を流し咳をしているニューヨーク住民の目や喉に住み着いたようだ」と報告している。同じ嵐はワシントンD・Cにも薄暗い陰を落とした。東部の人々は大平原の砂の初体験を歓迎せず、そのお陰でダストボウルの危機が国の政治課題になった。

この一回の嵐だけで、少なくとも三億トンの貴重な表土が大平原南部の農地から巻き上げられて、国の東半分に降り注いだ。

一九三二〜三九年の間に春の季節になるとあらゆる種類の砂嵐が頻繁に起きたので、ダストボウル地域の住人は窓をテープでふさぎ、空気を漉すために湿らせたシーツで覆った。埃はそれでも入り込んできた。多くの家庭では食物をよそう直前まで、食器を伏せておく習慣になった。一九三〇年代の半ばには生徒が嵐に巻き込まれないように、一か月早く夏休みに入る学区も見られるようになった。空気の悪化が慢性的な問題になった。医者は呼吸器病の劇的な急増を報告した。また「埃による肺炎」の死亡例も数件報告された。外出時に鼻と口をハンカチーフで覆うスタイルが一般的になった。一九三五年にテキサスの州議会でこの問題が議論された時にはほとんどの議員がマスクを着けていた。

ダストボウル時代には、この問題を誰かあるいは何かのせいにしようとして皆が責任を追及した。一九三四〜三七年の干ばつは記録上最悪だったから、それがダストボウルの主要原因の一つだったことは間違いない。しかし農業の用に供するために、自生していた草地の大部分をなくしてしまったことと、ゆき過ぎた耕作と放牧がこの環境悲劇のお膳立てをしたこともまた、疑う余地はなかった。一九三〇年代後半になると人間の活動がこの危機の原因であることはほとんど誰の目にも明らかだった。そしてこの地域では新しい土壌保全対策が実行されるようになった。

ダストボウルから良い結果も一つ生み出された。それは一九三六年に議会を通過した「土壌侵食法令」で、連邦政府に土壌保全の大幅な努力を委任するものだった。大平原南部にある三、二〇〇万エーカーの耕作地のうち六〇〇万エーカーは侵食のおそれが大きいと判断され〔一エーカーは約四、〇〇〇平方メートル〕、生産が中止されて土壌の安定化を図るために永久的な草地に変換された。教育と助成金によって、農家の人々は耕やす頻度を減らすとか土地構造の破壊を最小限にくい止める耕作設備を利用するなど、土壌崩壊の速度を遅らせる手段を用いるように促された。丘陵地域では等高線耕作や段丘形成が促進された。

この努力は大平原の範囲を超えてひろがった。連邦の土地保全局と州が設立した保全区域によって土壌侵食の脅威に対する関心が高まり、国土全体に土地管理の新しい方法が導入された。侵食は今日の合衆国でも依然として重要な問題だが、二〇世紀の後半になってから生じた土壌侵食の割合は、ダストボウル以後に実施された保全計画の直接効果によって減少している。

ダストボウルからこれほどの教訓を得たにもかかわらず、二一世紀に入る今日も持続可能な仕方で農業の土壌管理を行っている国は皆無である。最近の推定によると、合衆国とヨーロッパでは侵食による土壌損失が一ヘクタール当たり九〜一〇トンになるという。これは小型トラック十数台分に達し、自然界の過程で新しい表土が形成される割合の一〇倍以上に相当する。森林や他の生態系でも侵食は起こるが、繰り返し耕されるのに加えて植生で保護されず放置の時期が定期的に生ずる農地に比べると、その割合ははるかに遅く、より維持可能の状態に近い。休閑地（作付けされていない農地）は、一回の豪雨で一エーカー当たり数トンの表土を失うこともある。失われた土壌を深さで表すと、合衆国やヨーロッパの国々の平均侵食量は毎年数分の一インチにすぎない。これは裸眼では認識できない量だ。

しかし土壌形成の進行はきわめて遅い。一インチ（二・五センチメートルほど）の表土が形成されるのに二〇〇年～一、〇〇〇年かかるのだ。不運なことに最初に侵食を受ける最上層の表土には、分解、栄養循環、健康な作物、最高濃度の植物栄養素に欠くことのできない大部分の微生物が含まれているのだ。

今日合衆国における侵食問題はダストボウル時代ほど大規模ではないが、逆にまさにこの理由から、油断のならない脅威になっている。土壌侵食は国の政治課題の中でもしばしば後回しにされる。土壌の質や作物の生産性に対する負の影響は、肥料の増量や頻繁な灌漑によって短期的に覆い隠されている。しかしこのまま放置すると、現在の侵食パターンの方が一九三〇年代の猛烈な砂嵐よりも深刻な影響をもたらすことになるかもしれない。

他の国における土壌侵食、とりわけ多湿の熱帯地方の侵食問題の中には危機的な水準に近づいているものもある。熱帯の開発途上国の多くは土壌保全に適切な注意を払わずに農耕を行った結果、丘陵地帯では雨による侵食で毎年何千エーカーもの耕地が失われている。たとえばジャワ島中央部の山に沿った斜面、ケニアのマチャコとアバーデア地域、インドとネパールのヒマラヤの山麓、そして南米のアンデス山脈では、侵食がしばしば一エーカー当たり年間一三～一八トンにのぼり、一エーカー当たり年間四〇トンあるいはそれ以上の値が測定されたこともある。このような速度で進む損失は、その回復に何世紀もかかる。小作農の家族は、自分の農地が侵食で削られるのをなす術《すべ》もなく眺めている。一回の雨季でえぐり取られる土は、目で見てもわかる驚くべき量になる。侵食された農地は生産性がなくなると放置されて、新たな農地を得るために雨林が切り開かれる。熱帯では侵食が森林破壊のおもな原因になっている。もっとも深刻な食糧不足、最大の人口増加率、貧困状態の農民をかかえ、土壌保全を進める経済基盤のいちばん弱い国々がこの多湿の熱帯地方にあるという事実が、問題をさらに悪化させている。

侵食が深刻で広範囲に及ぶと経済的影響が明らかになる。一九〇〇～四〇年に侵食で大平原南部の作物生産量が約七〇パーセント減ったときには、合衆国中に経済的影響が広がった。今日の熱帯地方の各地も同じような劇的な影響を経験している。

侵食が極端でない場合には、作物生産に与えられる影響は施肥量の増加、灌漑その他に投資することによって覆い隠されることもある。そのような費用は侵食による損失の分析に含まれる場合と含まれない場合があるので、経済的影響の評価にはかなりの違いが見られる。また侵食によって失われる土壌や養分を推測する方法もさまざまに違う。ある分析方法は、流域の河川に流入した堆積物の推定量を用いる。また土壌のタイプ、地質や地形、天候から侵食を推測する数学モデルだけを用いる方法もある。さらにまた、個々の測定地から集めた土壌損失のデータにもとづいて、それを地域的な規模まで外挿する方法もある。科学界における唯一のコンセンサスは、これらのどれも完全に満足できる方法ではないということだ。最近合衆国の農業における侵食のコストを算出したところ、六億から二七〇億ドルまでのさまざまの金額になった。

侵食の経済的影響は農家の敷地内の問題にとどまるものではなく、当然その影響も評価しなければならない。畑から毎年流出する何十億トンの表土の半分以上は、河川や貯水池に堆積して流れを妨げている。堆積物には魚や水生生物に有害な農薬残留物や肥料が含まれることもある。合衆国は毎年五億ドル以上の費用をかけて洪水防止のために堆積物を浚渫しているが、その効果も部分的なものでしかない。一九九三年に合衆国中西部で起きた広い範囲の洪水と経済的損失は、侵食とそれによってミシシッピ川とミズーリ川に生じた堆積物が要因の一つになっていた。貯水池に堆積物が蓄積すると貯水と発電の能力は減り、維持費は嵩んでくる。またアースダム［土を主材料とする貯水ダム］が破壊されることもある。現場以外で生ずる侵食による損失には道路、下水道、地下室の清掃や修理、そして砂を含んだ風による被害も含まれる。現場以外で生ずる侵食の損害見積りも、農地そのものに対する場合と同じように算出の方法によって変わってくる。ある分析によると、合衆国だけを見ても現場以外の侵食の損失見積り額は一七〇億ドルになるという。

　農地を維持できる程度に土地の侵食を抑えること、つまり自然の草地や森林で測定される数値と同程度まで抑えることは可能だ。ふつう次のようないくつかの基本の規則を守ることによって、ひどい土壌侵食は防ぐことができる。一年を通じて土地が植物に覆われた状態をできるだけ保つこと。耕す回数をできるだけ少なくすること。斜面を耕さないこと（耕す場合には等高線耕作あるいは段々畑にする）。風害を受けやすい場所には背丈の高い一年生作物を植えて「風除《よ》け」にすること。

　各地の農家はなぜこうした簡単な土地保全の指針に従うことができないのか。その簡単な理由は、短期で見た場合には無視した方が利益が多いからである。多くの農家では傾斜のきつい斜面を放置しておく余裕がなく、しかも段々畑にするだけの設備や労働力もないのだ。一年中植生を保つには、金にならない「被覆作物」のたね播きや栽培を一年のある期間行わなければならず、利益がほとんど上がらない。土地保全の観点から言えば、収穫後の作物の残り部分は土に戻すことが最適だが、世界各地の小作農は、根を始めとして残りの部分を煮炊きの燃料に利用している。土地保全の観点から言えば、濡れている畑に重い農耕機具を入れるべきではない。土壌が踏み固められて、将来流出と侵食を受けやすくなるからだ。しかし合衆国でも他の多くの地域でも、作物の収穫期に合わせて、あるいは市場価格が最高になるとき収穫を行うので、この規則はしばしば破られる。

政府も土壌資源の保全が国家的な優先課題であるべきことに気づいている。短期的な利益の魅力が農家に土壌保全を無視させるような状況のもとで、農村社会にこの責任を負わせるのは危険であるし、たぶん不公平だろう。ダストボウル以来、多くの先進国では農家に対する奨励金も含めて包括的な保全計画によって、土壌侵食の速度を遅らせてきた。しかし、それ以上のことをしなければならないことは明らかだ。近年を見ても、農業および環境に関する研究や開発の総投資額は国防費の一パーセントを下回っている。将来世界各地の食糧確保に危機をもたらす土壌侵食の問題に本気で取り組もうとするならば、このような不釣合いを変えなければならない。

加速する土壌侵食は、人間が土地資源に及ぼす悪影響の一例にすぎない。この他にも不用意に有害物質を地中に廃棄して地中の住処や地下水を汚染する例がある。土の回復力と浄化作用を絶対的なものと見て、何を捨てても最後には無害化してくれるだろうという便利で楽観的な考えを持ち続けてきた結果がこうなったのだ。

一九四二年~五三年にフッカー化学会社の担当者が多くの発ガン性物質を含む二万トンの化学物質をニューヨーク州ラブカナルの製造工場の周辺に埋めていたのも、こうした考えがもとになっていたのかもしれない。その後学校や住宅がそこに建てられた時にも、何も言われなかった。恐ろしい過ちが明らかになったのは二〇年後のことだった。ラブカナルの住人にガン、出生時異常、その他の疾患が異常に高い割合で発生したのだ。一九七八年にその地域は住むのに不適当と宣言された。それ以来我々は土壌、地下水、そして時折動植物や人間の生きた組織に有害物質が蓄積した例をいくつも発見してきた。現在我々は何千もの有毒廃棄物処理現場、汚染された土地や水資源、そして膨大な量のリサイクルできないプラスチック類の問題に直面している。

今日多くの微生物学者が、この問題を解決する研究に取り組んでいる。彼らは地下に住む生物に関する新情報を駆使して、汚染地域や有害廃棄物処理場の汚染を除く方法を開発しようとしている。時には比較的金のかからない方法が効力を発することもある。たとえば、土に窒素あるいはリン肥料を投与したり土壌に通気したりするだけで、有害物質を解毒する力のある既存の有益微生物の活動を促進できることもある。有益微生物を他の場所から持ち込み、あるいは業者から購入して有毒地域に「撒く」方法も一つの選択肢だ。微生物を利用した汚染除去製品の年間売上高は現在一、〇〇〇万ドルを上回り、潜在市場は二億ドルになるかもしれない。石油を食べる細菌も商品化されている。この細菌はアラスカ沖で原油を流出したエクソン＝バルデス号の場合のような陸海の汚染除去に用いられている。

生物による汚染除去（バイオレメディエーション）に関心がある多くの微生物学者は、我々が犯した過ちをぬぐい去る手伝いをしてくれる新しい微生物を求めて、世界各地を探し回っている。有毒物質を栄養源にしたり、あるいは毒素を分解する微生物であって毒素が投棄されている苛酷な環境でも生きられるものが理想的だ。発見された有用微生物の多くは第2章と第3章で取り上げた珍しい極限環境細菌や古細菌の仲間である。

バイオレメディエーションに用いられる微生物のうちには、それほど風変わりでないものもある。この一〇年間に、比較的一般的な白色腐朽細菌に属する土壌菌類が、もっとも厄介な毒物をいくつか分解できる強力な酵素を分泌するという事実が偶然発見された。いわゆる「白色腐朽細菌」と呼ばれるこの細菌は森林地帯で腐った木を酵素で分解する。この酵素がジクロロジフェニルトリクロロエタン（DDT）およびその他の殺虫剤、ポリ塩化ビフェニール類（PCB）、火薬のトリニトロトルエン（TNT）、そして各種のプラスチック類といったもっとも厄介な汚染物質の分解に、きわめて効果的であることがわかったのだ。

ウラニウム、セレニウム、砒《ヒ》素、水銀といった有毒重金属は汚染物質として別の分類に属するが、これらもやがてバイオレメディエーションで処理できるようになるかもしれない。このような重金属を無害な物質に変形できる土壌微生物が発見されているのだ。これらの微生物が重金属を無毒化するメカニズムは、重金属を無害な形あるいは動植物の組織に取り込まれにくい化合物の形に変える場合が多い。

我々の環境に見られる有毒物質のうちには、我々人間が初めて作り出して地球に放出した合成有機化合物も含まれている。処分がもっとも困難なのはこうした化合物だ。人間の知恵が発達する速度の方が、微生物の進化よりも速いからである。望ましい特性をもつ微生物が見つからない時には、特定のバイオレメディエーションのために遺伝子操作を行うことも考えられる。すでにいくつかの成功例も登場している。自然系統の細菌よりも効果的にＴＮＴや除草剤の２・４・５－Ｔを分解できる新系統の緑膿細菌属の一種、シュードモナス・プチダはその一例である。有害物質を分解できる微生物があるにもかかわらず、その有害物質の場所の酸度が高すぎるとかその他苛酷な環境のせいで、利用できないこともある。こうした場合には遺伝子操作によって、環境ストレスに対する耐性をその微生物に与えることもできるだろう。

有害物質を処理する目的で遺伝子操作を加えた微生物の実地試験も始まっている。このような生物を用いて化学的危機が回避できても、新たな生物学的危害が導入される懸念も当然ながら生じてくる。現場での適切な評価と規制の励行で、こうした懸念は解消できるだろうとバイオレメディエーションを研究する大部分の微生物学者は確信している。こうした新しい微生物が、もっとも危険な有害物質の処理現場を片づける唯一の頼みの綱になるのかもしれないので、これからは危険度の評価や難しい選択に直面しなければならないだろう。

地下に住む生物は少なくともある一つの汚染、つまり大気の汚染は受けないと考える人がいるかもしれない。しかし、そうはゆかないのだ。地上の空気に生じた変化に直接触れることのない土壌生物も、大気汚染がもたらす二つの潜在的な影響を受けている。酸性雨と気候の変化である。さらに、地下の世界は主な栄養源である植物が有害ガスや温暖化ガスから受ける影響に非常に敏感なのだ。

最初、酸性雨の話は謎に包まれていた。一九七〇年代にヨーロッパ中央部の森林に生えるトウヒ、モミ、その他の常緑樹が奇妙な病気で枯れ始めた。症状は針葉の黄ばむことから始まる場合が多く、次に落葉が生じ、成長が鈍り、枯れることもあった。広い範囲に及んだ被害の中にドイツトウヒのような経済的に重要な材木用の樹木が含まれていたので、政治家たちがこの問題に注目するようになった。一九八〇年代にドイツ政府が行った包括的な調査の結果、ヨーロッパの森林の二〇～二五パーセントが「原因不明の理由」によって中程度から重度の被害を受けていることが明らかになった。

この奇妙な森林破壊を説明するいくつかの仮説として異常気象、植物病、養分の欠乏を原因とするものなどがあった。しかし綿密な調査をしてみると、どれもこの問題の慢性的で広い範囲にわたる特徴を完全には説明できなかった。合衆国北東部のトウヒとモミにヨーロッパと同じような被害が現れ始めたとき、別の仮説が一覧表につけ加えられた。大気汚染物質が植物の葉に直接被害を及ぼすのではないかという考えだ。どちらの地域も人口密度が高く工業が盛んなので、空気の質が比較的悪かった。しかし数年間調査が行われた結果、この仮説も却下された。徴候が典型的な汚染の被害とは異なり、被害の状態と大気汚染物質の濃度にそれほど強い関連が見られなかったからである。

しかしこの大気汚染説が、科学者たちを正しい方向に導くことになった。森林破壊が起こった地域に共通していたのは酸性雨が降るという点だった。酸性雨とは、硫黄酸化物や窒素酸化物やアンモニアガスのような気体状態の大気汚染物質が空中の水分に溶け込み、雨になって地上に降り注ぐものだ。硫黄酸化物の主な発生源は石炭を燃料とする工場や自動車の排気ガスだ。窒素酸化物やアンモニアガスは、たいていどの土壌からも微量に放出されるが、前に窒素循環を論じたときに取り上げたように、集約農業が行われて窒素肥料や肥料を多く与えている地域では、土壌から放出される量も増加する。

森林破壊が見られる地域では土壌が酸性雨によって酸性化し、窒素濃度が高まることがわかってきた。この過程によって土壌の化学と微生物の活性に変化が起こり、植物栄養素に悪影響がもたらされる。土壌が酸性になると植物の根はカルシウム（樹木に五番目に多く含まれる成分）、マグネシウム、カリウムを利用しにくくなることがよく知られている。それと同時にアルミニウムのような潜在的な有害成分が増してくる。森林破壊が見られる地域では、カルシウムの欠乏とアルミニウム毒性の典型的な徴候が多くの場所で観察されている。

森林破壊が見られる地域では、酸性雨の窒素は有益な「肥料」の役割を果たさず、養分の不均衡を助長するようだ。最初は窒素が成長を促進するが、それによって、酸性雨のせいで利用しにくくなっているカルシウムなど他の養分の必要量も増加する。その結果として、より深刻な養分の欠乏が起こり、植物は弱くなって病気や環境のストレスを受けやすくなる。

酸性雨によって降り注ぐ窒素はかなりの量になる。ヨーロッパ中央部や合衆国北東部の森林に降る窒素の量は、年間一ヘクタール当たり三五～四八キログラムに達することが多く、都市部周辺の森林では一ヘクタール当たり一〇五キログラムになることもある。

別の分野での研究によって、酸性雨の影響は森林破壊地域の土壌の化学ばかりか土壌の生物学にも及ぶことが明らかになった。オランダのウェイステル生物学研究所のエーフ・アーノルズは多年にわたる総合的な分析から、一九七〇年代から八〇年代にヨーロッパ中央部全域で土壌の菌根菌が激減したと報告している。知られる通りこれらの菌類は植物との密接な共生関係を持ち、水分や養分が欠乏

図9・2　中央ヨーロッパ、ノルウェーのトウヒ林での針葉樹のひどい落葉。これは酸性雨によるもので、土壌の生物や化学特性にも影響が及んでいる。バイロイト大学の研究より。ハンプシャー大学のJohn Aberの厚意による。

する状況でその獲得を助けて植物を生き残らせる働きをしている。アーノルズの研究によって、酸性雨と窒素降下量がもっとも多い地域に育っているトウヒやモミの木では菌根の状態がもっとも悪いことが明らかにされた。多くの場合に木の健康状態が悪くなるのに先立って菌根が減少することをアーノルズは立証した。菌根の成長と活動が土壌中の窒素と酸度の増加によって阻害されることが、別のいくつかの実験でも明らかにされている。酸性雨は共生関係にある両方の生物、つまり樹木と菌類に直接悪影響をもたらすようだ。両者それぞれの健康状態が相手の健康状態に依存しているので、悪影響は増幅されるのだ。

二一世紀に入った今、合衆国とヨーロッパで硫黄酸化物の放出量は、新たな規制が加えられたこと、また発電所で汚染の少ない化石燃料の燃焼方法を用いるようになったことによってほぼ半減された。それに比べて窒素を含む大気汚染物質の場合には、その監視と管理はかなり難しい。この問題を解決する実際的な方法を考え出すことは二一世紀の課題だろう。すでに論じたように、窒素の利用効率を改善する作物や農耕方法の研究が現在進んでいる。この最初の段階を片付けないまま、窒素肥料の使用量を制限するだけでは、経済的に悪影響をもたらして食糧供給が脅かされるだけでなく、食糧の要求を満たすためさらに多くの土地が必要となり、自然生態系の中に農地が拡大してゆくのが加速されることになる。

窒素酸化物は酸性雨の原因物質であることのほかにも、温暖化ガスの一つであり、成層圏のオゾン層（地球を紫外線から守る）の濃度を低くする。土壌微生物の活動は人間がもたらす窒素の影響を受け、これがこのガスの主な発生源となる。土壌微生物は、よく知られているメタンや二酸化炭素などいくつかの重要な温暖化ガスの発生源（生産者）と「受け皿」（吸収者）と、両方の役割を果たしている。過剰に放出される窒素酸化物、メタン、二酸化炭素が「地球温暖化係数」に寄与する割合は、それぞれ約五、一五、六〇パーセントと推定されている。これらの数字は気体濃度と、気体の一分子が熱を捕らえて温暖化をもたらす推算値から算出されている。三種類の気体はどれも着実に増えている（図9・3）。増やしている原動力は人間であり、土壌微生物はたまたまこの変化の仲介者になっている場合が多い。土壌生物は温暖化ガスの発生源であり吸収源でもあるので、微生物の住処である土壌を管理するやり方は、人間が引き起こす気候変動の程度を決定する重要な要因になる。我々の活動が最終的に気候にもたらす変化は地下の生命に影響を及ぼす。あるものには有利に働くかもしれないが、絶滅に追いやられるものもあるだろう。

大気中に含まれるメタン濃度は二〇世紀以前の数千年間は比較的安定していた。メタンの発生と吸収がほぼ釣り合っていたからである。自然界におけるメタンガスの主な発生源はメタン生成微生物と呼ばれる珍しい微生物だ（第3章参照）。これは真性細菌と似た太古からの微生物である古細菌の仲間で、土壌中の酸素濃度の低い場所などで繁殖する。毎年大気中に放出されるメタンの半分以上は、この微生物の活動の副産物として排出されてくる。

この数十年間に、人間の土地管理活動はメタン生成微生物が活動しやすい環境を増やしてしまった。そしてこの微生物活動による排出の速さは、自然の化学的また生物学的な過程で大気から取り除かれるメタンの量を上回っている。最近生じた増加（図9・3）の大部分は水田（主に稲作）面積の増加が原因になっている。酸素の少ない土壌条件が、メタン生成微生物の活動を促進するからである。メタン生成の増加が見られるもう一つの発生源としては埋立地がある。水田の面積を減らし、また埋立地管理の方法を変えることによってメタンの生成量は減らせるかもしれないが、こうした方法は経済的に必ずしも実行可能ではない。またその実行によってもたらされる利益を予測することは難しい。この温暖化ガスの発生源と吸収源が、すべて完全に把握されているのではないからである。さらに多くのことを学び、メタン生成微生物の活動を最小限に抑えるのと並んで、メタンを吸収し無害化する生物の活動を促進することが我々の目標となるだろう。

土壌微生物は、温暖化ガスのうちもっとも重要な大気中の二酸化炭素の濃度にも、かなり影響を及ぼしている。歴史的に見るとこのガスの元来の発生源は、土壌微生物その他の生物（我々も含む）の呼吸と、時折起こる火山の噴火だった。また元来の吸収源は海洋の化学的吸収と、そして緑色植物および光合成微生物だった。我々が石油、石炭その他の化石燃料を燃やすようになるまで、こうした自然界の発生源と吸収源はほぼ均衡を保ち、大気中の二酸化炭素濃度は何万年も安定していた。化石燃料の燃焼が導入される以前には、この自然のサイクルの中で、同じ炭素が大気（二酸化炭素）と土壌および生物相（有機炭素）の間を行き来するだけだった。地中深くに何百万年も埋もれて循環から外《はず》されていた化石燃料を汲み上げてそれを燃やすと、それは循環系に新たな炭素を追加することになる。大気中の二酸化炭素は目ざましい速さで増加しているが（図9・3）、その発生源のおおかたは人間がこうして新たに加えた炭素であり、今世紀のうちにも倍増すると考えられている。

植物は大気に含まれる二酸化炭素を吸収し、光合成によって糖を生産するから、二酸化炭素濃度の変化に直接影響される。それに伴って気候の変化が起こるかどうかわからないが、心配されているように今世紀中に二酸化炭素濃度が倍増すると、多くの地域で植物種の構成が変わり、陸上生物の食物源の基礎となっている植物相の量と栄養的な質に変化が生ずることが考えられる。その研究はすでに始まっているが、これが我々の生き残りにとって重要な分解、養素循環、その他の土壌過程にどのよ

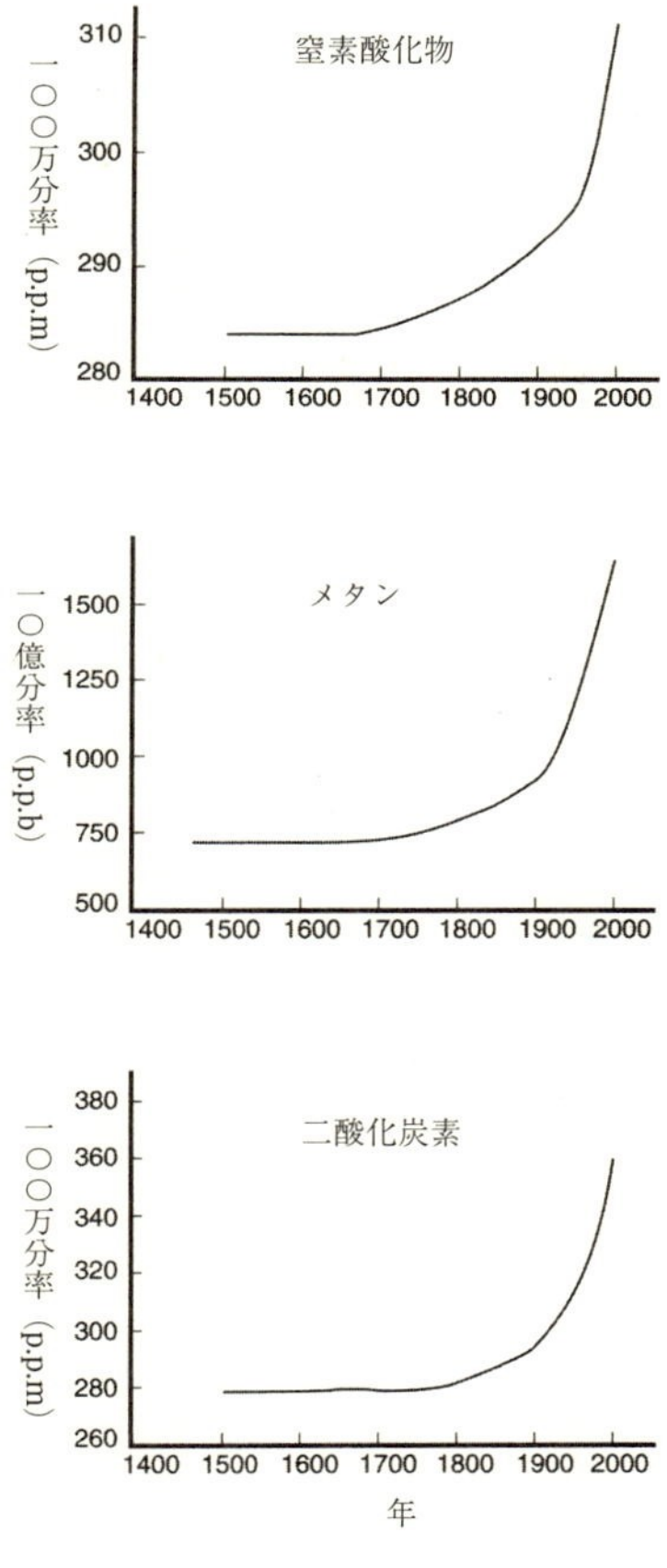

図9・3　土壌の生物は、産業革命このかた大気中濃度が高くなってきた3種類の重要な温暖化ガスの発生源と受け皿の両方として主要な役割を演じている。R. Lal et al., *The Potential of U.S. Cropland to Sequester Carbon and Mitigate the Greenhouse Effect* (Chelsea, Mich.: Ann Arbor Press, 1998).

うな影響を与えるのかとなると、まだほとんど何もわかっていない。顕著な気候変動が伴う場合には、その影響もかなり深刻なものになりうるだろう。

科学者は過剰な二酸化炭素を循環から取り除き土壌中に隔離する方法を評価するようになってきた。この方法は二つの部分からなる。第一に、元気に成長する植物をできるだけ多く地表に保ち、光合成による二酸化炭素の取り込み量を最大限にすること。第二に、炭素を多く含む死んだ植物資源をできるだけ多く地中に封じ込めることだ。地中で時間をかけて分解する有機物の形をとる炭素の割合を次第に増加させて、大気中で温暖化ガスの形をとる炭素の割合を減らすことが目的である。

実際には、地中に貯蔵する炭素を増加させる土地管理技術は、土壌侵食を防ぎ作物の生産性を維持する技術と同じものだ。土壌が侵食を受けると、地中に含まれる炭素の二〇パーセント近くが二酸化炭素に変換されて大気に放出されると見積もられている。侵食によって小さな土の塊が崩れるとより多くの有機物質が酸素にさらされて、好気性の土壌細菌による完全な分解が促進されるのだ。一年を通じて地表を植物で覆い土を抑えておくと、豪雨や強風による侵食を防ぐことができる上に、植物が光合成のために取り込む二酸化炭素の量が増加する。掘り返す回数を最小限にとどめることによって、土壌構造を保ち侵食を受けにくくすることができる。さらにこの方法は土壌の通気性を抑えるので完全分解を減速させて、土壌から二酸化炭素が失われるのを防ぐことにもなる。これらの方法はどれも、作物の生産性を促進することにもつながる。土地を管理する人々にとって、これは自分の生計がかかっている土壌資源を改善するのと併せて、同時にまたいくつかの接点で環境に対して積極的に寄与する機会でもある。

しかしたくさんの木を植えたり、植物で地表を覆う努力をして土壌中の有機物を増加させれば、それで地球の温暖化から逃れることができるのだろうか。この問題で、私は他の人々とともに色々計算してみたが、効き目はそれほど大きくないという結論に達した。我々は毎年膨大な量の化石燃料を燃やして新たな炭素を大量に大気に送り込んでいるから、この方法だけではとても解決できない。最初はどうにか持続できても、数十年のうちに木を植える土地がなくなり、炭素の貯えができる土地も飽和状態になってしまう。二酸化炭素の「肥料効果」、つまり光合成植物の生長を促す効果を楽観的に見る仮説に十分な根拠があったとしても、そのような結果になってしまうだろう。

気温が高くなると、たいていの分解性の土壌微生物の活動と二酸化炭素の放出は促進されるので、地球温暖化は土中に炭素を貯蔵しようとする我々には不利に働く。それでも土壌中に最大限に炭素を貯蔵する方向を、農業経営者と環境保護主義者は両者とも同じように目指している。それは、これが「一挙両得」の戦略だから、つまり気候を変える実効力は小さくても、経済と環境のどちらにも有益なものだからである。

私は人口が二五億だったときの地球に生まれてきた。人類がそこまで数を増やすのに数千年かかったのだが、最近の五〇年間でこの数は倍増した。今や約六〇億人が、この地球を共有するようになった。一人当たりの資源消費量も年々増加している。我々はみな壮大な全地球規模の実験が進んでいるなかでその当事者なのだ。資源への飽くことのない欲求や、環境に対する無関心な態度は、我々の存続と生活の質がかかったこの地球という住み場所にどのような影響を与えるのだろうか。それは社会的な実験でもある。環境への破壊的な影響の大きさに気づき始めたいま、我々は個人として、また社会としてどのように対応するべきだろうか。

生きた土壌資源に人間が残してきた足跡はすでに重大な意味を持つようになっている。多くの地域では侵食と無謀な有害物質廃棄によって、土地の衰えが深刻な問題となっている。ヨーロッパと合衆国北東部の森林で、共生を行う菌根菌の存在が酸性雨によって脅かされている証拠も得られている。今世紀のうちに大気の二酸化炭素濃度が倍増することはかなり確実だと科学者は言う。そしてこの変化がまたそれ自体、土壌生物や土壌の作用にかなりの影響を及ぼすだろう。もしも二酸化炭素を始めとする温暖化ガスの増加が、多くの気象学者の予測するような温暖化をもたらすとしたら、人類にとって重要な土壌の機能も劇的な影響を受けることになるだろう。

我々がどのような大惨事を環境にもたらしても、地下に住むほとんどの生物は頑健で素早く進化できるから、我々よりも長く生き残るだろう。そうは言うものの、我々の活動はおそらくすでに多くの土壌生物の機能を妨げ、少数のものを絶滅に追いやっているだろう。一つまみの土壌に一万もの異なる種が含まれているのならば、そのうち数種が失われたくらいで問題になるのだろうか。研究されている数がまだ少ないので、この問題に確かな答を出すことはできない。地下生物のうちには、養分循環の核心とも言える重要な段階を支配する酵素を持ちながら代替者がいないものもあるかもしれない。おそらく大多数のものは互いに助け合い、その役割も重複しているだろうが、ある条件下では余分であり欠けても構わないように見える種が、環境の変化に伴って不可欠な存在になることもある。将来どのような特性が重要になるか予測できないので、一種類でも失われることがないように努力しなければならない。今日絶滅させてしまった種が二〇年後に出現する病気と闘う抗生物質を生産する、あるいは我々がまだ発明すらしていない新しい合成毒素を分解できる唯一の生物になるかもしれないのだ。

好ましい特性をもつ新生物を土壌や地中の深部に求める「生物資源探査 bioprospecting」の商業的な可能性は、地下の生物多様性や地中の住処を守る上で一つの動機づけとなる。今世紀の半ばに、我々は現在よりも四〇億人多い一〇〇億人を養わなければならない。このような巨大人口は、土壌資源に途方もない圧力をかけることになる。そのような事実も動機づけになるだろう。このような明白な経済的動機は、すでに我々の行動にいくらかの変化をもたらしている。

多くの先進国ではこの一〇年間に、農業経営者が土地管理の方法をかなり変えてきた。合成化学物質ではすべてを解決できないこと、そして土を育てる輪作のような手法によらずに化学肥料を過信すると、土壌の有機物質が失われて生産性が低くなることにも気づき始めた。現代の農業は化学でなしに知識にもとづくもので、そして食糧生産に応用される新知識は、土壌資源を保護し有益な土壌生物を十分に活用する管理の技術と関連している。侵食は引き続き世界的な問題だが、協同の努力によればこの傾向を正しい方向に導けることを、我々は少なくとも示してみせた。

農業以外の産業にも改善が見られる。発電所からの硫黄酸化物の放出量は合衆国とヨーロッパでほぼ半減された。しかも当初の予測を大幅に下回る費用で実行できたのだ。窒素酸化物やその他の大気汚染物質の減少にはそれほどの効果は得られていないが、多くの場所で大気汚染と酸性雨の問題に改善が見られる。

このような心強いニュースに対する我々の反応は、ダニエル・ヒレルが著書『地球から』の中で用いている「条件付き楽観主義」なのかもしれない。条件付き楽観主義は嘆きや悲観的絶望を越えた先のものだが、それは我々が科学や技術によって、いま向かいつつある大惨事から身をかわす即席の手直しが見つかると単純に仮想する「病理的楽観主義」に比べれば現実的である。条件付き楽観主義は、個人と社会双方のレヴェルにおける行動の変化を必要とする前向きで積極的な道に我々を導く。それは被害をもたらしてからそれを片づける仕事に化学的なノウハウを適用するだけでは不十分なことがわかっている。我々は生活の質を改善する間にも我々の活動が環境に及ぼす影響を最小限にとどめる双方に有利な方法を開発するために知識を用いなければならない。全力投球すれば達成可能だという好ましい徴候もすでに見られる。もしも未来の世代のために生きた土壌資源を守ろうとするのならば、こうした行動を取ることに併せて、「自然界を征服」しようとする攻撃的な本能を抑える必要がある。

エピローグ

めぐる地球の歌、それにつき従う言葉の歌
あれが言葉だと思っていたのか、あのような
まっすぐの線、曲がった線、かぎ、打点が。
違う、あんなのは言葉ではない。本当の言葉は
大地と海にあり、
大空に、そしてきみの中に。

ウォルト・ホイットマン『草の葉』（一八五五）

一九世紀の詩人ウォルト・ホイットマンは、自然を研究する科学者たちが還元主義に走り木を見て森を見落としていことから、彼らに対して非常に批判的だった。彼は科学的事実の「蘇生」には詩人や芸術家の想像力が必要で、それがなければ真実の概念は不完全のままに留まると信じていた。このことを念頭に置いてみると、私が本書の読者を想い描くとき、そこにはいつも自然主義の詩人がいて、しばしば私の肩越しに、私が考えついたことをまっさきに覗きこむのだ。

詩人と科学者には少なくとも一つの共通点がある。彼らを取り巻く世界に対する驚異の念が、それである。ホイットマンが古典的な『草の葉』を書いたころには、土壌の生物学や化学のことはほとん

ど何もわかっていなかった。しかし彼の言葉は、私たち人間そして地球上すべての生物にとって地下の世界が重要だという直感的な感覚を浮き彫りにしている。たとえば次の一節だが――

何という肌合い《ケミストリー》の良さ……
草むらに横たわって、なんの病《やまい》も伝わってこない、
たぶんどの草の葉も、萌え出たもとをただせば
かつては伝染る《うつ》病であったものが。
いま、ぼくは大地におそれを覚える。大地はかくも静かで懐がひろく、
あのような腐敗からあのような優美なものを繁らせる……
人びとにこんな素晴らしいものを授け
果ては人びとからの、あのような残り屑を受け入れる。

もしもウォルト・ホイットマンが地中奥深くに生きるたくさんの極限環境微生物のことを知っていたら、どんなことを書いただろうか。またもし地中で植物同士を結びつけている菌類の網目細工のことや、土から得た抗生物質によって、もっとも恐ろしい病気も治療できることを知っていたらどうだろうか。さらには二一世紀の環境問題、たとえば生物工学における土壌微生物の賢明な利用方法、またプレーリードッグ、クロアシイタチ、アナフクロウのような動物と人間の空間や資源をめぐる競い

合いに関する議論に、彼はどのような見解を示しただろうか。

ホイットマンが今ここにいて、地下の科学と物事の本性を分かつ断絶をのり越える手助けをしてくれるわけにはゆかないので、この務めは他の人たちに任せなければならない。人間は誰でも詩心を多少持ち合わせているだろう。我々はこの詩人の心で、自然における自分の立場を感覚的に捉えなければならない。読者はこの本に記されたような魅力的な新発見を知って、自分が住む地球に対する理解がさらに広がったかもしれない。私の場合、この知識は確実に大きな影響を及ぼした。

もちろん「事実」は絶え間なく変化する。私はこの本を書いている間にも、書き終えた部分を何度も手直しした。追い付いてゆくのが難しかった。しかしいま私の任務は完結し、あとは読者に、あなた方に任せることになる。ここに書いてきたことは事実の寄せ集めと見るよりも、読者の興味をかき立て、地下からの新しい物語に関心を呼び起こす一つの試みと見られるべきものだ。新しい発見や、それらを説明する理論が色々な情報源から現れ続けるに違いない。自分の足許に広がる世界のこと、そしてその世界と我々の幸せが関連していることに気づく人が増えるにつれて、我々は地下の世界の生物学的な一体性を保つために力を合わせよう、そこで見つけたものを未来の世代のために保存しておこうという気になってゆくだろうというのが、私の望みである。

訳者あとがき

『上を向いて歩こう』という歌がある。しかし「うわの空」、「足が地についていない」、「根なし草」などの言い方もある。地球の生物はすべて、生きつなぐ食料を結局は大地に求めるのだが、その割には生物学の普及書で、地下の世界を見つめる「泥くさい」発想を軸としたものはあまり見当たらない。やはり我々の「地上生物的な偏見」によるのだろうか。本書 David W. Wolfe: *Tales from the Underground — A Natural History of Subterranean Life*. Perseus Publishing, 2001 においてウォルフは見方をほとんど反転させて、水面下ならぬ地面下の世界への「潜水探検」のガイドとなる。著作の意図は、総論的な序章と第1章に簡明に纏められている。著者は、謝辞でも触れているようにコーネル大学農芸学部の生態学の準教授。この大学の生物地質化学プログラムにも参加している。ご本人は、地上の豊かさが地下の支援を連想させる郊外地域に住んでいるようで、そのことは、第1章に少し述べられている。論文はすでに多いが、一冊の著書はこれが最初で、その意気込みもまた謝辞などから窺われる。

地下といえば暗黒の、息のつまる、黒と茶色に塗りつぶされた単調な世界（色彩そのものが、光のない世界では意味をなさないわけだが）。そういう否定的な言辞のつらなり自体が、光と十分な気体酸素のもとで生きるホモ・サピエンスの偏見に満ちていることは確かだろう。地下の見学旅行においても、そこはミリメートル以下、そして顕微鏡で認められる寸法の生物が圧倒的な数でひしめいている世界であること、そしてこの世界に興味を抱いた研究者の物語なども含めれば、いろいろ目先が変わり見飽きない情景が次々に展開されることを、本書は語っている。ワクスマンの抗生物質。こんどのイラク戦争で有名になったバグダッドの砂嵐を圧倒する一九三〇年代アメリカ平原のダストボウル（図9・1）と、プレーリードッグへの敵意にあおり立てられた毒殺キャンペーン。面積は競技場よりひろく重量はシロナガスクジラに匹敵する地下のカビ。地熱をじかに感ずる南アフリカの金鉱の底まで潜る研究者（図2・1）。そして何よりも、著者にとっての英雄であるらしく思われるカール・ウーズの「古細菌」の提唱。見送られた大きな話題をあえて挙げれば、地上と地下すれすれにネットワークを営むアリやシロアリの昆虫帝国はその一つかもしれないが、これにはまた別の一書を必要とするだろう。

訳者の一人（長野）が小学生のころ読んだ大島正満『理科物語』というのに、ハーバー博士のアンモニア合成法が随分詳しく書いてあった。それは気化熱の大きいこの物質を製氷機の冷媒に使うことと関連していたと記憶するが、本書の文脈に置いてみると、化学工業技術による空中窒素の固定は、地下微生物の活動を補うものとして特に重要となってきたことが、改めて認識される。全世界の窒素肥料の生産量は、訳者が『理科物語』を読んだころに比べて、現代では二〇倍にも達している（図4・4）。現代の世界は、太古に貯蓄された炭素源を化石燃料として掘り出して巨大なエネルギー需要を何とか補っている。それと並行するように、世界は巨大な人口を養うために、現存の地下微生物の活動では間に合わない窒素固定の需要を、大量のエネルギーを投入して工業技術によって何とか補っているのだろうか。ついでに言うと、黒海の深い底では（地底ではないが）、亜硝酸とアンモニアから直接に窒素ガスを生ずる微生物のはたらきが顕著であることが最近報告されている（*Nature* 422: 608 – 611［2003］）。ただしこの反応が、ひらけた大海洋全体でも進んでいるのか、そして生態系の窒素循環のパターン（図4・2）に小さな追加の輪を一つ描きこむ必要があるのかは、今後の問題である。

ダーウィンの進化観を風刺した挿絵（図6・2）は有名なもので、いろんな普及書に軒並みに引用されるが、そこに記されている標語「ヒトは虫けらに他ならない」は、もとの文脈からすれば「ヒトはミミズに他ならない」と受け取るべきなのだろうと、訳しながら改めて思ったことだ。リサイクルの愛すべき友ミミズは、コンポスト装置のはたらき手として最近人気があり、二、〇〇〇匹入りのパック一式を宅配便で送ってくれる業者も急成長しているというが、他方、釣り餌としてとめどなく乱獲されている。カナダでのミミズ漁りの一端は本書第6章で、また我々が先ごろ訳出したリチャード・コニフ『無脊椎動物の驚異』（青土社）でも紹介されている。腕のよい採集人は一晩で一万匹を集め、カナダは毎年何十億匹のミミズを合衆国の釣り餌市場に輸出しているというのだが——まさかミミズが絶滅危惧種に追い込まれることはないだろう。そう願いたい。閑話休題。

地下生物の世界を取り上げた普及解説書は少ないと最初に書いた。少ないうちの一冊にピーター・ファーブ『土は生きている』石弘之・見角鋭二訳、蒼樹書房、一九七六年があった（おそらく絶版）。ショウロの人工栽培に苦心したフランク、抗生物質のワクスマン（この訳書では所属がラッジャーズ大学、他の大多数の慣用表記ではラトガーズ大学であり、実際に耳で聞いたときどちらに近いのだろうか）、ダーウィンのミミズ研究など、テーマとして今回の本と重なる事柄も多いが、四半世紀という制約は当然大きいし、扱い方もむしろ草原、森林、砂漠などとごく平易な通覧を目指している。しかし「重要な位置を占める特殊な菌類」すなわち菌根菌に、一瞬ではあるが触れていることなど、当時としては仲々のものだったと思う。いまでは子供向きの本にも、新しい動向が多少は反映されるようになってきた。エコ童話『フロイド町へゆく』（さ・え・ら書房）では、コンポストとミミズがかなりの役目を帯びている（タイトルは有名な精神分析医学者とは関係ない。主人公である小鳥の名前）。土壌肥料学会が編集委員会を組織して取り組んだ五冊シリーズ『土の絵本』のうち『2. 土のなかの生き物たち』（農村文化協会）では、教科書でお定まりの根粒細菌だけでなく、菌根菌類の重要さに一つの章をあてて短いながらしっかり説明してある。

いま、根粒菌でなしに根粒細菌と書いた。細菌を「～菌」と呼ぶのは、青緑細菌（藍色細菌）を「藍藻」と呼んでいたのと同じに、ウーズ以前そしてホィッテーカー以前（図3・3参照）の気楽な単細胞軽視のシステムの名残だ。藍「藻」という生物学的な偏見は急速に是正されつつあるが、結核「菌」というような医学的偏見は、世間で定着していることもあって、改まる気配がない。訳者の主張はさて措くとして、本書のように地下の「菌類」と「細菌類」が入り乱れて同様に大事である場合には、このルーズさはじっさいに読者の理解に混乱、少なくとも曖昧さをもたらす。本書では頻出する根粒細菌と放線細菌については、この表記にこだわった。今後、大腸細菌や炭疽細菌など、「正しい」表記がすべての場合に普及するように望みたい。

訳文では生物の名前はすべて、定着しているらしい和名か、学名の仮名表記かにとどめたが、もとの英語名あるいは学名は索引で分かるようにした。［ ］は訳注など、訳者による補充。ごく平易な書き方に努めているわりに、注と引用文献はしっかりしていて、出典の参照などに充分応えられるものと思う。ただし枝葉末節ながら、日本語と英語が入り乱れたこういう部分は、校正などに案外手てこずるもので、その処理なども含めて、訳書進行の全般に協力していただいた岡本由希子さんにお礼を申し上げる。

二〇〇三年　五月

訳者を代表して　長野敬

新装版の訳者あとがき

訳書の最初の刊行ののちに、ひろい意味での「地下」で生じた大きな事件としては（正確には深海底から生じた大変動というべきだろうが）、五年を経て未だに後遺症が収束しない東日本大震災があった。元来交わることが想定されていなかった二方向のヴェクトル（自然災害としての地殻変動・津波と、人為災害としての原子炉の破壊）が交錯した事態が生じているので、これからの見通しめいたことを、ここでは思いつきのようにして何も言うことができない。ただ、災害のうちの前者、地震と津波について、これは大地が時間をかけて養い育ててきた宝ものを自分の手で盆ごとひっくり返すような事柄だったという感想だけを記しておく。「盆」の上で育ってきた大型生物たち、とりわけ人間とその構築物がどのように復元してゆくかとは別に大地のレベル、地下世界のレベルで、「四〇年掛けてミミズの習性を研究してきた」ダーウィンが落ち着いて示してみせたように（第6章）、事態はゆっくりと回復するほかないだろう。

事態の進行を覗き見させるいろんな状況が、本書では手際よく紹介されている。たとえば地下に籠もる熱気がじかに伝わってくる一万メートルの坑道に生息する極限環境微生物のこと（第2章）。北米の大平原で調和した平衡関係を営んでいたが、人間たちの介入に攪乱されて絶滅さえ心配される事態に追い込まれたプレーリードッグとクロアシイタチとアナホリフクロウの物語（第8章）。原書の刊行から多少時間を経ているように感じられるが、いまの生物学・生態学に直結する事柄も、意外に手際よく拾いあげられていることがわかる（ミミズのはたらきを現代に活かしたコンポスト産業とか、植物の根で作用する菌根菌については、前回のあとがきでも簡単に触れた）。

二〇一六年　三月

訳者を代表して　長野敬

注と引用文献

序章

P.11　**土壌の生物多様性**について、最新の知識の現状をさらに包括的に総覧したものとしては D. Wall and J. Moore, "Interactions Underground," *BioScience* 49（2, 1999）: 107-17 および L. Brussaard et al., "Biodiversity and Ecosystem Functioning in Soil," *Ambio* 26（1997）: 563-70 を見よ。

P11　**レオナルド・ダ・ヴィンチ**の引用は Daniel Hillel, *Out of the Earth*（Berkeley: University of California Press, 1991）, p.3. より。

P.14　**地表下生物学の研究**の現状は最近 Committee on Soil and Sediment Biodiversity and Ecosystem Functioning, led by Dr. Diana H. Wall at Colorado State University によって評価されている。これはさらに大きなＳＣＯＰＥという組織体（Scientific Committee on Problems in the Environment）の一部分。その研究の記述は *BioScience* 49（2, 1999）: 107-52, and *BioScience* 50（12, 2000）: 1043-1120.

P.16　**土壌生物学の教科書**として良い二冊は、D. Coleman and D. A. Crossley Jr., *Fundamentals of Soil Ecology*（San Diego: Academic Press, 1996）および Martin Wood, *Environmental Soil Biology*（London: Chapman and Hall, 1995）.

P.17　**土壌の構成**またその他多くについてはHans Jenny, *The Soil Resource: Origin and Behavior*（New York: Springer-Verlag, 1980）を推奨したい。土壌そのものをはるかに叙情的に取り上げたものとしては William Bryant Logan, *Dirt: The Ecstatic Skin of the Earth*（New York: Riverhead Books, 1995）がある。これは一部分はローガンの旅行と、ジェニーとの取材会見にもとづいている。土壌の最近の分類法を載せているウェブサイトは USDA *National Soil Survey Handbook* website（www.statlab.iastate.edu/ soils/nssh）.

P.24　驚異的な**クマムシ**についてさらに知るには Stephen Jay Gould, "Of Tongue Worms, Velvet Worms, and Water Bears," *Natural History* 104（1, 1995）: 6-15 を見よ。ほとんど仮死の状態で100年も生きている能力を書いているのはJ. Crowe and A. Cooper Jr., "Cryptobiosis," *Scientific American* 225（6, 1971）: 30-36.

第１章　起源

P.30　**わが太陽系と地球の進化**を生命の起原との関連できわめて読みやすく書いたものとしては "Life in the Universe" issue of *Scientific American* 271（4, 1994）: 44-91. この主題は

また W. Schlesinger, *Biogeochemistry: An Analysis of Global Change*（San Diego: Academic Press, 1997）, pp.15-126 でもよく説明されている。

P.32　粘土その他の二次鉱物の独自の面は、たいていの地質学や土壌科学の教科書で説明されている。一部の粘土鉱物は地球上でなしに他の場所で結晶化し、地球が最初に形成されていたころにこれと衝突した隕石によって、地球にもたらされた。生命の起源との関連における粘土形成について、詳しい記述は A. G. Cairns-Smith and H. Hartman, eds., *Clay Minerals and the Origin of Life*（Cambridge: Cambridge University Press, 1986）.

P.33　初期の生命形態にとって安全な場所であった地下については N. Pace, "Origin of Life—Facing up to the Physical Setting," *Cell* 65（1991）: 531-33 および T. Stevens, "Subsurface Microbiology and the Evolution of the Biosphere," in *The Microbiology of the Terrestrial Deep Subsurface*, edited by P. Amy and D. Haldeman（New York: CRC Lewis, 1997）, pp.205-23.

P.33　生命の起源の問題を手の届く範囲を超えたものと位置づけたチャールズ・ダーウィンの手紙の引用は *Evolution from Molecules to Men*, edited by D. Bendall（Cambridge: Cambridge University Press, 1983）, p.128 から。

P.34　トマス・ハクスリーの論稿 "On the Physical Basis of Life," は T. Huxley, *Lay Sermons, Addresses, and Reviews*（New York: D. Appleton and Co., 1871）, pp.120-46.

P.35　ウィリアム・ファウラーのノーベル賞講演 "The Quest for the Origin of the Elements" は *Science* 225（1984）: 922-35.

P.37　クリスチャン・ド・ドューヴの「生命のたどった道」についての意見は *Vital Dust: Life as Cosmic Imperative*（New York: Basic Books, 1995）, p.24 から。

P.38　スタンリー・ミラーの最初の論文は "Production of Amino Acids Under Possible Primitive Earth Conditions," *Science* 117（1953）: 528-29. 生命の起原研究の総説で数多いすぐれたもののうち、私がもっとも多く参照した二編は P. Davies, *The Fifth Miracle: The Search for the Origin and Meaning of Life*（New York: Simon and Schuster, 1999）と L. Orgel, "The Origin of Life on Earth," *Scientific American* 271（4, 1994）: 76-83. de Duve, *Vital Dust*, そして C. Wills and J. Bada, *The Spark of Life*（Cambridge, Mass.: Perseus Publishing, 2000）も有用だった。

P.40　ポール・デーヴィーズの引用は *The Fifth Miracle*, p.91 から。

P.42　シアトル首長の言葉の引用は J. Campbell, *The Power of Myth*（New York: Doubleday, 1987）, p.34 から。

P.42　粘土結晶の分子構造や、その異例に大きな表面積や化学反応性は、たいていの土壌科学の教科書に書いてある。たとえば Jenny, *The Soil Resource* もその一つ。粘土の独自の特性を、あまり技術的にならずに書いたものとしては Logan, *Dirt*.

P.45　複雑な有機化合物の合成における酵素および鋳型としての粘土の理論の詳説は Cairns-Smith and Hartman, *Clay Minerals and the Origin of Life*, pp.1-10, 130-51.

P.45　ジョン・デズモンド・バナールはその著書 *The Physical Basis of Llfe*（London: Routledge and Kegan Paul, 1951）の中で粘土の重要さのことを考えている。

P.45　粘土表面へのヌクレオチドの結合をジェームズ・ローレスその他が報告したのは

James Lawless et al., "PH Profile of the Adsorption of Nucleotides onto Montmorillonite," *Origins of Life* 15（1985）: 77-88。粘土による実際のヌクレオチド配列なども含む研究をＪ・Ｐ・フェリスが要約したものはJ. P. Ferris et al., "Synthesis of Long Prebiotic Oligomers on Mineral Surfaces," *Nature* 381（1996）: 59-61. 粘土のエネルギー貯蔵特性についてのレリア・コインの研究を報告しているのはA. G. Cairns-Smith in "The First Organisms," *Scientific American* 252（6, 1985）: 90-100.

P.46　エルウィン・シュレディンガーによる遺伝子は無周期性の結晶であろうとの予測が書いてあるのはE. Schrödinger, *What Is Life?*（Cambridge: Cambridge University Press, 1944）, p.64.

P.48　**粘土遺伝子**説の一般向け解説は A. G. Cairns-Smith, "The First Organisms," *Scientific American* 252（6, 1985）: 90-100.

P.50　生命の起源における粘土の役割については、まだ議論が続いているが、地球で最初の生合成においてある種の鉱物の表面が決定的な役割を果たしただろうという考えは、ひろく受入れられるようになってきた。粘土に代わるものとして、簡単な鉄＝硫黄化合物である**黄鉄鉱**が現在よく持ち出される。黄鉄鉱への興味の引き金となった論文はGünter Wächtershäuser, "Before Enzymes and Templates: Theory of Surface Metabolism," *Microbiological Reviews* 52（1988）: 452-84. 最近の実験から、鉄 = 硫黄化合物は地球深部や熱水噴射孔と同様の高温高圧に似た条件のもとでも安定で、また生命類似の合成反応を行うことができることが実証された。G. D. Cody et al., "Primordial Carbonylated Iron-Sulfur Compounds and the Synthesis of Pyruvate," *Science* 289（2000）: 1337-40 を参照。

第２章　住める世界

P.54　地球深部の微生物の棲み場所を言うのに、最初に**深く熱い生命圏**の句を使ったのはThomas Gold in "The Deep, Hot Biosphere," *Proceedings of the National Academy of Sciences USA* 89（1992）: 6045-49.

P.54　**地表下の極限環境生物**の背景となる一般向けの科学記事はS. J. Gould, "Microcosmos," *Natural History* 105（3, 1996）: 21-68、また W. Hively, "Life Beyond Boiling," *Discover 14*（5, 1993）: 87-91. この主題をもっと包括的にまた技術的に扱ったものは *Microbiology of Extreme Environments*, edited by C. Edwards（Milton Keynes, Eng.: Open University Press, 1990）や *The Microbiology of the Terrestrial Deep Subsurface*, edited by P. S. Amy and D. Haldeman（New York: CRC Lewis, 1997）に見られる。ここでは「極限環境生物」の語を、極端な高温高圧のもとで生きられる生物を指すのに使っているが、この語は他の極端な条件、たとえば極寒の極地の海や、有毒あるいは酸性の土壌を指すのにも使えることに注意。

P.55　地球の地下生物学の研究が、宇宙における**生息可能領域**についての我々の考えをどのように拡張してきたかについて、たいへん読みやすい要約としてG. Vogel, "Expanding the Habitable Zone," *Science* 286（1999）: 70-71.

P.56　ドリーフォンタイン金鉱への降下の旅は、参加した科学者の一人である Dr. William Ghiorse との会談、および論文 K. Krajick, “Hell and Back,” *Discover* 20（7, 1999）: 76-82 にもとづいて書いた。

P.59　好熱という語は、極限環境生物のうち高熱下で繁茂する部分群を指す。セーヌ河で発見された最初の好熱微生物の報告は P. Miquel, *Annals Micrographie* I（1888）: 3-10. エドソン・バスティンとフランク・グリアーが1926年に油堆積物中に微生物を発見した件についての情報は J. Fredrickson and T. C. Onstott, “Microbes Deep Inside the Earth,” *Scientific American* 275（1996）: 68-73. クロード・ゾベルとロシアの科学者が1940年代と1950年代に行った地下生物学の研究が書いてあるのは W. Ghiorse and J. Wilson, “Microbial Ecology of the Terrestrial Subsurface.” *Advances in Applied Microbiology* 33（1988）: 107-72.

P.60　好熱細菌*Thermus aquaticus*の発見物語の要約はT. D. Brock, “The Road to Yellowstone—and Beyond,” *Annual Review of Microbiology* 49（1995）: 1-28.

P.61　EPA［環境保護局］の地下生物学プログラムの記述は W. Ghiorse and J. Wilson, “Microbial Ecology of the Terrestrial Subsurface,” *Advances in Applied Microbiology* 33（1988）: 107-72. DOE［エネルギー局］の地下科学プログラムの記述は J. Fredrickson and T. C. Onstott, “Microbes Deep Inside the Earth,” *Scientific American* 275（1996）: 68-73. 他の多数の計画を要約しているのはR. Kerr, “Life Goes to the Extremes in the Deep Earth—And Elsewhere?” *Science* 276（1997）: 703-4.

P.63　深部好熱生命圏の規模を見積もった最初の論文は Gold’s “The Deep, Hot Biosphere,” *Proceedings of the National Academy of Sciences USA* 89（1992）: 6045-49. ゴールドがその後、この主題を詳しく論じて書いた本は*The Deep, Hot Biosphere*（New York: Copernicus/Springer-Verlag, 1998）.［トーマス・ゴールド『未知なる地底高熱生物圏——生命起源説をぬりかえる』丸武志訳、大月書店、2000年］。地下の生物量のさらに詳しい量的な推定を与えているのは W. Whitman, D. Coleman, and W. Wiebe, “Prokaryotes: The Unseen Majority,” *Proceedings of the National Academy of Sciences USA* 95（1998）: 6578-83.

P.64　高温の記録保持者についての情報は、極限生物という主題に宛てられた新しい雑誌に発表された。E. Blöchl et al., “*Pyrolobus fumarii* Represents a Novel Group of Archaea, Extending the Upper Temperature Limit for Life,” *Extremophiles* I（1997）: 14-21.

P.65　高温耐性の仕組みは今もさかんに研究されている。今日までの知見の一部の要約は R. Atlas and R. Bartha, *Microbial Ecology*（Reading, Mass.: Addison Wesley Longman, 1998）, pp.294-300 および K. O. Stetter, “Hyperthermophiles: Isolation, Classification, and Properties,” in *Extremophiles: Microbial Life in Extreme Environments*, edited by K. Horikoshi and W. Grant（New York: Wiley-Liss, 1998）, pp.1-24.

P.66　好気呼吸と嫌気呼吸は、たいていの生物学教科書に書いてある。たとえばL. Prescott, J. Harley; and D. Klein, *Microbiology*（Boston: William C. Brown, 1996）, pp.165-78.

P.70　マーチソン隕石について、さらに詳しくはK. Kvenvolden et al., “Evidence for Extraterrestrial Amino Acids and Hydrocarbons in the Murchison Meteorite,” *Nature* 228（1970）: 923-26.

第１章に論じたように、この隕石や他の類似の隕石が多くの生命の構築素材を含んでいることは、生命の起源の謎に対してさらに一つの仮説を示唆している。つまり生命の基本構成物質の多くのものは原初の地球上で合成されず、隕石によって運ばれてきたとしてもよいのではないかということである。

P.71　**コロンビア川の SLiME** の原報告は T. O. Stevens and J. P. McKinley, "Lithoautotrophic Microbial Ecosystems in Deep Basalt Aquifers," *Science* 270（1995）: 450-54 にある。この環境下で微生物を支えるに足りるだけの水素が生ずるのは疑問だとする人もある。たとえばR. Anderson et al., "Evidence Against Hydrogen-Based Microbial Ecosystems in Basalt Aquifers," *Science* 281（1998）: 976-77.

P.72　地球上の無機栄養微生物が**他の惑星の地下の生命**に対してもつ意味を吟味しているものとしては T. O. Stevens, "Subsurface Microbiology and the Evolution of the Biosphere," in Amy and Haldeman, *The Microbiology of the Terrestrial Deep Subsurface*, pp.205-23 および P. Boston et al., "On the Possibility of Chemosynthetic Ecosystems in Subsurface Habitats on Mars," Icarus 95（1992）: 300-308.

P.72　**火星の隕石**の原報告は D. S. McKay et al., "Search for Past Life on Mars: Possible Relic Biogenic Activity in the Martian Meteorite ALH84001," *Science* 273（1996）: 924-30. 一般向けの解説は D. Goldsmith, *The Hunt for Life on Mars*（New York: Plume Penguin Putnam, 1998）。火星の岩石に見られる生命の徴候に疑問を呈している最近のものは R. Kerr, "Requiem for Life on Mars? Support for Microbe Fades," *Science* 282（1998）: 1398-1400.

P.74　**国立天体生物学研究所（NAI）**の計画の記述は J. Wakefield, "The Search for Extreme Life," *Scientific American* 277（7, 2000）: 30-31.

P.74　細菌についての**スティーヴン・ジェー・グールド**の引用は S. J. Gould, "Microcosmos," *Natural History* 105（3）: 68 より。

第３章　系統樹を揺さぶる

P.78　**章冒頭のエピグラフ**のもとの全文は C. Woese, "Default Taxonomy: Ernst Mayr's View of the Microbial World," *Proceedings of the National Academy of Sciences USA* 95（1998）: 11044.

P.79　**メタン生成細菌**は、二酸化炭素中の酸素を呼吸における酸素源として使い、副産物としてメタンを放出する（メタン CH_4 は炭素原子１個に水素原子４個が結合）。言い換えるとこれらの嫌気性微生物は、我々のような好気性生物が酸素を吸入して二酸化炭素を吐出するのと反対に、呼吸にあたって二酸化炭素を吸入し、メタンを吐き出すのだ。彼らが生産するメタンはいわゆる温室ガスでもあるので、第９章でメタン生成細菌のことを論ずる。

P.82　**ウーズの居室**は立派というほどではなかったが、次に訪ねた実験室の方は、先端をゆく分子生物学の研究施設として予期される通りに、その時期として一流の設備を備えていた。

P.84　ウーズに影響を与えた**分子時計**の論文は E. Zuckerkandl and L. Pauling, "Molecules as Documents of Evolutionary History," *Journal of Theoretical Biology* 8（1965）: 357-66.

P.84　**カール・ウーズの方法**（彼自身の言葉で）の比較的読みやすい説明としてはC. Woese, "Archaebacteria," *Scientific American* 244（6, 1981）: 98-122 を参照。もっと包括的で技術的な説明としてはC. Woese, "Bacterial Evolution," *Microbiological Reviews* 51（2, 1987）: 221-71 を見よ。

P.87　**アリストテレスの生命の梯子**はC. Singer, *A Short History of Biology*（Oxford: Clarendon Press, 1931）, pp.39-41 に記述されている。

P.88　ロバート・ホィッテーカーが**生命の五界形の系統樹**を提唱しているものとしては "New Concepts of Kingdoms of Organisms," *Science* 163（1969）: 150-60.

P.92　**ラルフ・ウォルフ**はそれ以前に、彼の大学院生の一人と共著で、このメタン生成細菌の一般特徴のいくつかを記載していた。J. Zeikus and R. Wolfe, "Methanobacterium thermoautotrophicum sp.n., an Anaerobic, Autotrophic, Extreme Thermophile," *Journal of Bacteriology* 109（1972）: 707-13 を参照。

P.93　生命の**新しいドメインの発見**を宣言したウーズの論文は C. R. Woese and G. E. Fox, "Phylogenetic Structure of the Prokaryotic Domain: The Primary Kingdoms," *Proceedings of the National Academy of Sciences USA* 74（1977）: 5088-90. ウーズが**生命の三ドメインの系統樹**を正式に提唱した論文は C. Woese, O. Kandler, and M. Wheelis, "Towards a Natural System of Organisms: Proposal for the Domains Archaea, Bacteria, and Eucarya," *Proceedings of the National Academy of Sciences USA* 87（1990）: 4576-79.

P.93　**ウーズの生命の普遍的な系統樹**の含意を論じたものとしては N. Pace, "A Molecular View of Microbial Diversity and the Biosphere," *Science* 276（1997）: 734-40 そして E. Pennisi, "Genome Data Shake Tree of Life," *Science* 280（1998）: 672-74 を参照。

P.94　**メタン生成細菌** *Methanococcus jannaschii* のゲノムの完全な配列決定を報じているのは C. Bult et al., "Complete Genome Sequence of the Methanogenic Archaeon *Methanococcus jannaschii*," *Science* 273（1996）: 1058-73.

P.95　生命の普遍的な系統樹の根のところの進化的な関係を確立するにあたっての**遺伝子の水平転移**の問題を、詳細でしかも明快に論じたものとしてはW. F. Doolittle, "Uprooting the Tree of Life," *Scientific American* 282（2, 2000）: 90-95 を参照。

P.96　普通の土壌のような**極限環境でない生息場所での古細菌の発見**は K. Jarrell et al., "Recent Excitement About the Archaea," *BioScience* 49（7,1999）: 530-41 に報じられている。

P.97　自分の研究に認知をかち得るための**ウーズの闘い**の物語は、私の彼との会談、そして Virginia Morell のすばらしい論稿 "Microbiology's Scarred Revolutionary," *Science* 276（1997）: 699-702 にもとづいている。

P.99　自分の仕事に認知をかち得るための**アントン・ファン・レーウェンフックの闘い**を描いているのはC. Dobell, *Antony van Leeuwenhoek and His "Little Animals"*（New York: Dover Publications, 1960）.

P.100　進化研究へのウーズの行き方に批判的な人びとを通覧したもの（そしていまも進行中の科学論争を直々《じきじき》に窺い知ることのできるもの）としてはエルンスト・メアの論文 "Two Empires or Three?" *Proceedings of the National Academy of Sciences USA* 95（1998）: 9720-23を挙げておきたい。これに対するウーズの反論は "Default Taxonomy: Ernst Mayr's View of the Microbial World," *Proceedings of the National Academy of Sciences USA* 95（1998）: 11043-46. 疑いをもつ論者のおもな主張の一つは、細胞レヴェルでは基本的に二群のものしかないという点にある——つまり細胞として相互によく似ている原核細胞生物（細菌［Bacteria］および古細菌［Archaea］）と、やはり細胞として相互によく似ているが原核細胞とは非常に違う真核細胞生物（原生動物［原生生物］、菌類、植物、動物）の二群である。ウーズはこの点について争うことはしないが、**分子の**レヴェルでは二つだけの群でなく明らかに三つの異なる群があるのだと述べ、地球の生命形態の系譜をもっともよく決定できるのは、この分子のレヴェルなのだという。疑いをもつ論者のもう一つの論点として、菌類や植物や動物の身体の形にも行動にも見られるような驚くべき多様さを一からげにまとめてしまう系統樹は、とても有用なものとは言えないだろうということがある。ウーズはこれに反論して、ダーウィンの時代以来、分類学の目指すところは、生物をなにか便宜的な記述のやり方でグループ分けすることでなく、進化の真のパターンを明らかにしてみせることにあるのだという。ウーズとその支持者の主張によれば、我々の手持ちの最上の方法はｒＲＮＡの分析なのだ。少なくとも今のところは。

P.102　表紙の裏に**ウーズの普遍的な系統樹を描いた微生物学の教科書**というのは T. D. Brock et al., *Biology of Microorganisms*, 6th ed.（Englewood Cliffs, N.J.: Prentice-Hall, 1991）.

第４章　窒素循環

P.109　**窒素固定微生物の進化**より以前には、大気の窒素ガス（N_2）の一部分は、稲妻や隕石の衝撃という物理的な過程によって「固定」されていた。こうした出来事のさいに解放されたエネルギーの一部が、N_2分子の窒素原子を分離することができるのだ。これらの窒素原子はその後で酸素と結合して、利用可能な硝酸塩の形で地上に降りそそぐ。今日では全地球規模で見ると、この方法で固定される窒素の量は全体の10パーセント以下で、生物学的な固定に比べて僅かなものにすぎず、いま知られている地球上の生命を支えるのに充分な量ではない。窒素循環についてさらに詳しくは R. Mancinelli and C. McKay, "The Evolution of Nitrogen Cycling," *Origin of Life and Evolution of the Biosphere* 18（1988）: 311-25を参照。またW. H. Schlesinger, *Biogeochemistry: An Analysis of Global Change*（San Diego: Academic Press, 1997）, pp.32-40 をも参照。専門的でない解説としては T. Volk, *Gaia's Body: Toward a Physiology of Earth*（New York: Copernicus/Springer-Verlag, 1998）, pp.33-44, 221-34.

P.110　**窒素固定とニトロゲナーゼ酵素**についての一次資料は J. Postgate, *Nitrogen Fixation*, 3d ed.（Cambridge: Cambridge University Press, 1998）, Atlas and Bartha, *Microbial Ecology*,

pp.108-12, 418-20 および Prescott et al., *Microbiology*, pp.199-200.

P.112　ヴェルギリウスの引用は *The Georgics*, book I, lines 70-84 から。『農耕詩（ゲオルギカ）』について私が注意を引かれたのは Logan in *Dirt*, p.172 による。

P.112　ヘルライゲルとのヴィルファルトの話や、共生的な窒素固定の研究史のその他の面は P. S. Nutman, "A Century of Nitrogen Fixation Research," *Philosophical Transactions of the Royal Society of London* 317（1987）: 69-106 から。

P.114　根粒形成過程の分子レヴェルの詳細は Postgate, *Nitrogen Fixation*, pp.63-95 および Atlas and Bartha, *Microbial Ecology*, pp.112-15 から引用。最近の総説としては J. Stougaard, "Regulators and Regulation of Legume Root Nodule Development," *Plant Physiology* 124（2000）: 531-40.

P.118　私は陸地の窒素サイクルに焦点を合わせていることに注意。海洋でも大量のものが進行しており、近年の証拠が示唆するところでは大洋で遊離生活する青色細菌が固定する窒素の量は、陸地での共生的固定の量とさして遜色のないものかもしれない（私信、Dr. Robert W. Howarth, personal communication, September 2000）。地球全体の窒素循環について、さらに包括的で定量的な要約としては Schlesinger, *Biogeochemistry*, pp.385-95 がある。科学者でない人向けに書かれた説明は Volk, *Gaia's Body*.

P.121　人類の窒素固定需要が供給を上回るのではないかという1900年代初期の懸念を論じているのは C. Delwiche, "The Nitrogen Cycle," *Scientific American* 223（3, 1970）: 137-46 そして M. Goran, *The Story of Fritz Haber*（Norman: University of Oklahoma Press, 1967）, pp.42-43.

P.122　フリッツ・ハーバーの伝記面の情報は Goran, *The Story of Fritz Haber* と、またハーバーの最後の大学院生の一人を父親にもつアイズナー博士（Dr. Thomas Eisner）との議論から。

P.124　ユダヤ系科学者の罷免に関するヒトラーの言葉の引用は Goran, *The Story of Fritz Haber*, p.163 から。

P.125　人類による大量の窒素固定が引き起こす環境問題について、二つの優れた論文は R. Socolow, "Nitrogen Management and the Future of Food: Lessons from the Management of Energy and Carbon," *Proceedings of the National Academy of Sciences USA* 96（1999）: 6001-8 そして P. M. Vitousek, "Beyond Global Warming: Ecology and Global Change," *Ecology* 75（7,1994）: 1861-76。硝酸塩による水系の汚染の包括的な査定を含んでいるのは Robert W. Howarth and his colleagues at the National Research Council, *Understanding and Reducing the Effects of Nutrient Pollution*（Washington, D.C.: National Academy Press, 2000）.

P.125　施した窒素肥料からの漏れ（堆肥その他の有機肥料も含めて）のさらに一つとして、収穫作物による取り込みや根圏に残るものの他に、アンモニアとして大気に逃れる窒素がある。アンモニアは窒素酸化物と同様に、空中に漂う水滴に溶け込み、水を酸性化し、その一部は結局酸性雨となって地上に降り注ぐ（第9章も参照）。

P.127　農業における窒素利用の効率の改良は私自身の研究、そして1984年以来のコーネ

ル大学の拡大研究計画の一側面だった。ここ（127ページ）で述べている情報は、主としてこの経験にもとづいている。

第5章　地下の結びつき

P.131　**地上植物の進化**が菌との菌根共生によるという仮説を、たいへん読みやすい一般向け解説として書いたものは Mark and Dianna McMenamin, *Hypersea: Life on Land*（New York: Columbia University Press, 1994）. この仮説を支持する近年の科学的証拠はM. Blackwell, “Terrestrial Life — Fungal from the Start?” *Science* 289（2000）: 1884-85 に見いだされる。

P.132　**菌根による連合**にかかわっている植物と菌類の種の包括的な要約については S. Smith and D. Read, *Mycorrhizal Symbiosis*, 2d ed.（London: Academic Press, 1997）を見よ。**菌根の生態学的な意義**を強調しているのはM. Allen, *The Ecology of Mycorrhizae*（Cambridge: Cambridge University Press, 1991）.

P.132　太古の**ライニー・チャート化石**の証拠を提示しているのは W. Remy et al., “Four Hundred-Million-Year-Old Vesicular-Arbuscular Mycorrhizae,” *Proceedings of the National Academy of Sciences USA* 91（1994）: 11841-43.

P.132　菌類と陸地の植物の間の長い共生関係の歴史について、近年の**遺伝学的な証拠**を報じているものとしてはD. R. Redecker et al., “Glomalean Fungi from the Ordovician,” *Science* 289（2000）1920-21 そして L. Simon et al., “Origin and Diversification of Endomycorrhizal Fungi and Coincidence with Vascular Land Plants,” *Nature* 363（1993）: 67-69.

P.133　**宿主植物と菌根菌類**が結びつきあう仕組みについては、現在でもいろいろ分かっているところである。最近の研究では、土壌中の「ヘルパー細菌」がこの結びつきを助けているという。J. Garbaye, “Helper Bacteria: A New Dimension to the Mycorrhizal Symbiosis,” *New Phytologist* 128（1994）: 197-210 を参照。

P.134　**菌根菌の発見史**については、さらに M. C. Rayner, *Mycorrhiza: An Account of Non-Pathogenic Infection by Fungi in Vascular Plants and Bryophytes*（London: Wheldon and Wesley, 1939）を参照。

P.135　**トリュフ**についてさらに多くの情報はR. Walsh, “Seeking the Truffle,” *Natural History* 105（1,1996）: 20-23 および G. Hudler, *Magical Mushrooms, Mischievous Molds*（Princeton, N.J.: Princeton University Press, 1998）, pp.164-66 を参照。

P.135　菌根についての**A・B・フランク**の原論文は “Neue Mittheilungen ueber die Mykorrhiza der Baume u. der Monotropa Hypopitys,” *Berichte der Deutsche Botanische Gesellschaft* 3（1885）: 27-40.

P.138　顕微鏡的な樹枝状菌根を見た**ガローの描図**は “Etudes sur les mycorrhizes endotrophs,” *Revue Générale de Botanique* 17（1905）: 1-48, Plates 1-4 に出ている。

P.138　**根は太古の藻類＝菌類の共生から進化**したという説の提案は K. Pirozynske and D. Malloch, “The Origin of Land Plants: A Matter of Mycotropism,” *BioSystems* 6（1975）: 153-64.

P.138　進化の**内部共生説**を、マーギュリスが彼女自身の言葉で明快に説明しているものについては Lynn Margulis, "Symbiosis and Evolution," *Scientific American* 225（2, 1971）: 49-57 を参照。

P.140　土壌中における**菌根菌糸の長さ**のデータは Allen, *The Ecology of Mycorrhizae*, p.25 から採用。

P.140　菌根による**栄養サイクルの短絡**を論じているのは Atlas and Bartha, *Microbial Ecology*, p.107.

P.140　**菌根の連絡を通しての植物＝植物間の栄養転移**を明らかに示した最初の実験は F. Woods and K. Brock, "Interspecific Transfer of Ca-45 and P-32 by Root Systems," *Ecology* 45（4,1964）: 886-89. マメ科植物からマメ科でない植物への窒素転移の多数ある観察の一例は G. Bethlenfalvay et al., "Nutrient Transfer Between the Root Zones of Soybean and Maize Plants Connected by a Common Mycorrhizal Mycelium," *Physiologia Plantarum* 82（1991）: 423-32 によるもの。ニューマンは有用な総説 "Mycorrhizal Links Between Plants: Their Functioning and Ecological Significance," *Advances in Ecological Research* 18（1988）: 243-70 を書いている。近年の研究の新版は S. Simard et al., "Net Transfer of Carbon Between Mycorrhizal Tree Species in the Field," *Nature* 388（1997）: 579-82 に見られる。

P.142　**重量二二万ポンドの菌類**の記述は M. Smith et al., "The Fungus *Armillaria bulbosa* Is Among the Largest and Oldest Living Organisms," *Nature* 356（1992）: 428-31 にある。

P.143　**菌根の重要さへの疑念**は比較的近年まで多くの研究者が共有していたもので、その総説は Michael Allen,introduction to *The Ecology of Mycorrhizae*, pp.1-3.

P.145　**リチャード・ドーキンス**の引用は R. Dawkins, *The Selfish Gene*, 2d ed.（Oxford: Oxford University Press, 1989）, p.233［ドーキンス『利己的遺伝子』紀伊國屋書店］から。

第６章　卑小なものの偉大な意味

P.147　エードリアン・デズモンドとジェームズ・ムーアは著書 *Darwin, their biography of the famous scientist*（New York: W. W. Norton, 1991）の中で次のように言う。「彼［ダーウィン］にとっては、**卑小なものが偉大なものを説明した**」（p.657）。本章の表題はこれにちなむ。

P.148　**ダーウィンの書斎＝研究室**、そこで進行中だった実験、また彼の健康が思わしくなかったことの描写は Desmond and Moore, *Darwin*, および C. Darwin, *The Formation of Vegetable Mould Through the Action of Worms, with Observations of Their Habits*（London: Murray, 1881）から。

P.151　ダーウィンが1837年に伯父の許を尋ねたのを、**ミミズへの興味の発端**と記述しているのは O. Graff, "Darwin on Earthworms — The Contemporary Background," in *Earthworm Ecology: From Darwin to Vermiculture*, edited by J. E. Satchell（New York: Chapman and Hall, 1983）, pp.5-18.

P.152　最初1881年に刊行された『ミミズの作用による腐植土の形成』は、後の版 *Darwin on Earthworms*（London: Bookworm Publishing, 1976）で読むことができるし、また一部のダーウィン著作集にも載っている。

P.154　ミミズの国際シンポジウムの100周年記念の刊行は Satchell, *Earthworm Ecology*. それ以後、多数の国際的なミミズ会議があった。たとえば The proceedings of the Fifth International Symposium on Earthworm Ecology, edited by C. A. Edwards, *Soil Biology and Biochemistry*（special issue）29（3, 1997）: 215-750.

P.156　ミミズの生殖生物学と呼吸の記述はC. A. Edwards and P. J. Bohlen, *Biology and Ecology of Earthworms*, 3d ed.（London: Chapman and Hall, 1996）, pp.55-60, 71-72.

P.158　ダーウィンによる彼のミミズの消化と感覚能力についての研究は *The Formation of Vegetable Mould Through the Action of Worms*, pp.19-35 に記述されている。ダーウィンが自分の研究に家族を巻き込んだ様子についての逸話は Desmond and Moore, *Darwin*, p.649 から。

P.158　全世界にわたるミミズの種の分布、ミミズの行動、寿命について追加の情報は Edwards and Bohlen, *Biology and Ecology of Earthworms* を参照。

P.160　ミミズが土壌を移動させる能力を裏付けるためのダーウィンの長期間にわたる実験と、ストーンヘンジでの彼の仕事の詳しい説明は *The Formation of Vegetable Mould Through the Action of Worms*, pp.139-42, 154-56. ミミズの重要さについてのダーウィンの言葉は p.313 から引用。

P.161　シロアリについての追加情報は M. Wood, *Environmental Soil Biology*（London: Chapman and Hall, 1995）, pp.80-82 を参照。アリについての情報として私が大いに推奨したいのは、ピューリツァー賞を受けた*The Ants* by Bert Hölldobler and Edward O. Wilson（Cambridge, Mass.: Belknap Press of Harvard University Press, 1990）.

P.161　ミミズと微生物の間の相互作用に関して、ミミズの食餌中の原生動物の重要さの報告は H. Miles, "Soil Protozoa and Earthworm Nutrition," *Soil Science* 95（1963）: 407-9。リンゴ黒星病の伝播に対して、ミミズが有益な影響を及ぼすことはJ. Hirst et al., "The Origin of Apple Scab in the Wisbech Area in 1953 and 1954," *Plant Pathology* 4（1955）: 91 に記されている。

P.163　ミミズが栄養循環、土壌の形成、また土壌の質改良において重要なことを詳しく論じているのは Edwards and Bohlen, *Biology and Ecology of Earthworms*。また Coleman and Crossley, *Fundamentals of Soil Ecology*, pp.98-105 および Wood, *Environmental Soil Biology*, pp.26-28 も参照。

P.164　カナダの釣り餌産業の記述は A. D. Tomlin, "The Earthworm Bait Market in North America," in Satchell, *Earthworm Ecology*, pp.331-38.

P.164　農業と土地改良でのミミズ使用の記述は Edwards and Bohlen, *Biology and Ecology of Earthworms* およびK. E. Lee, *Earthworms: Their Ecology and Relationships with Soils and Land Use*（Sydney: Academic Press, 1985）.

P.165　1881年9月28日のダーウィン家での会食の情景の記述はDesmond and Moore, *Darwin*, pp.656-58。訪問客は政治改革家のエーヴリング（Edward Aveling）とビュヒナー（Ludwig Büchner）だった。ダーウィンの一生に及ぶ計画――ミミズの本――は、この二週間ほど前に刊行されて、ちょっとしたセンセーションを巻きおこした。ダーウィンはこの翌年、1882年4月19日に死去した。

第7章　病原体戦争

P.168　冒頭のエピグラフは国立科学アカデミーでの講演からのもので、S. Waksman, *My Life with the Microbes*（New York: Simon and Schuster, 1954）, p.11 から引用。

P.169　化膿性連鎖球菌 *Streptococcus pyogenes* その他皮膚上で生きている連鎖球菌の類は、いわゆる「肉侵食病 flesh-eating disease」をひき起こすことがある。これらの一部のものは、抗生物質に対する耐性を増しつつあるようだ。連鎖球菌に属する種は侵入のための傷口がなくても、吹き出もの、ねぶとその他、膿を生ずる感染の原因となる。追加情報については Prescott et al., *Microbiology*, pp.746-48, 759-62.

P.169　エドウィン・スミス・パピルス、ヒポクラテスの所見など、破傷風についての歴史情報は D. Guthrie, *A History of Medicine*, 2d ed.（London: Thomas Nelson and Sons, 1958）, pp.20, 59 に見られる。

P.169　破傷風の症状、疫学、治療についての追加情報は F. E. Udwadia, *Tetanus*（Bombay: Oxford University Press, 1994）. 私は Prescott et al., *Microbiology*, pp.764-66 やウェブサイト www.WebMD.com. も利用した。

P.170　フォン・ベーリングと北里による破傷風の開発はP. Baldry, *The Battle Against Bacteria*（Cambridge: Cambridge University Press, 1976）, pp.72-73 に記述。

P.171　破傷風による乳幼児の死亡率の議論は Udwadia, *Tetanus*, pp.9-17. 現在の統計はウェブサイト www.WHO.INT/vaccinesdiseases/diseases/neonataltetanus を参照。

P.172　ガス壊疽と人間の土壌由来の菌病について、追加情報は Prescott et al., *Microbiology*, pp.756, 791-97 および Hudler, *Magical Mushrooms, Mischievous Molds*, pp.99-112.

P.174　土壌由来の植物病の包括的な扱いは C. H. Dickinson and J. A. Lucas, *Plant Pathology and Plant Pathogens*（Oxford: Blackwell, 1982）を参照。

P.175　バーク A. Bourke は *The Visitation of God? The Potato and the Great Irish Famine*（Dublin: Lilliput Press, 1993）で、アイルランドのジャガイモ飢饉の見事な再検討を提供している。農業家と国家経済にとって大きな脅威の一つである晩発ジャガイモ疫病の再出現の説明には W. E. Fry and S. B. Godwin, "Resurgence of the Irish Potato Famine Fungus," *BioScience* 47（6, 1997）: 363-71 および D. Douglas, "The Leaf That Launched a Thousand Ships," *Natural History* 105（1, 1996）: 24-32. 私の情報の一部は疫病菌 *Phytopthora inestans* の指導的権威であるフライ博士 Dr. William Fry からの私信による。

P.180　パパイヤ根腐れ病を、他の場所から表土をもってきて防いだことについての報告

は M. Schroth and J. Hancock, "Selected Topics in Biological Control," *Annual Reviews of Microbiology* 35 (1981): 453-76. 同じ著者たちは一年後に、非常な関心をかき立てた論文 "Disease-Suppressive Soil and Root-Colonizing Bacteria," *Science* 216 (1982): 1376-81 を発表した。H. Hoitink and M. Boehm, "Biocontrol within the Context of Soil Microbial Communities," *Annual Review of Phytopathology* 37 (1999): 427-46 をも参照。

P.181　トリコデルマ研究について最近の優れた総説と、植物病の生物制御の見通しの一般的な議論は、G. Harman, "Myths and Dogmas of Biocontrol: Changes in Perception Derived from Research on *Trichoderma harzianum* T-22," *Plant Disease* 84 (4, 2000): 377-92 に見られる。

P.184　ストレプトマイシンの発見にまで至ったセルマン・ワクスマンの研究の年譜は、自伝 Waksman, *My Life with the Microbes* に見られる。

第8章　危機に瀕するプレーリードッグ

P.194　環境防護局のデーヴィッド・ウィルコーヴの引用は A. Dobson and A. Lyles, "Black-Footed Ferret Recovery," *Science* 288 (2000): 988 から。

P.195　ルイスとクラークのプレーリードッグとの出逢いの話で、私の一次資料源は *Original Journals of the Lewis and Clark Expedition*, vol. 1, edited by R. G. Thwaites (New York: Antiquarian Press, 1959). 二次資料と背景となる情報は S. Ambrose, *Undaunted Courage* (New York: Simon and Schuster, 1996) および R. D. Burroughs, *The Natural History of the Lewis and Clark Expedition* (Lansing: Michigan State University Press, 1961) から。

P.198　プレーリードッグのコミュニケーションの研究の論文は C. N. Slobodchikoff et al., "Semantic Information Distinguishing Individual Predators in the Alarm Calls of Gunnison's Prairie Dogs," *Animal Behavior* 42 (1991): 713-19.

P.198　ゼブロン・モンゴメリー・パイクとプレーリードッグの出逢いの記述は E. Coues and J. A. Allen, *Monographs of North American Rodentia: U.S. Survey of the Territories*, vol.11 (Washington, D.C.: U.S. Government Printing Office, 1877), pp.889-909. カスター将軍の日誌のプレーリードッグに関する項目の記載は E. Andersen et al., "Paleobiology, Biogeography, and Systematics of the Black-footed Ferret," *Great Basin Naturalist Memoirs* 8 (1986): 11-62.

P.199　二五〇〇〇平方マイルのプレーリードッグのコロニーは R. S. Hoffmann, "Black-tailed Prairie Dog (*Cynomys ludovicianus*)," in *The Smithsonian Book of North American Mammals*, edited by D. Wilson and S. Ruff (Washington, D.C.: Smithsonian Institution Press, 1999), pp.445-47 に記述されている。

P.200　風景管理者としてのプレーリードッグの生態学的な役割は J. L. Hoogland, *The Black-Tailed Prairie Dog* (Chicago: University of Chicago Press, 1995) および B. Miller, R. Reading, and S. Forrest, *Prairie Night: Black-footed Ferrets and the Recovery of Endangered Species* (Washington, D.C.: Smithsonian Institution Press, 1996) に記述されている。

P.200　**プレーリードッグの社会生活と行動**について、さらに多くの詳細についてはHoogland, *The Black-tailed Prairie Dog*. 一般向けの簡単な解説は J. Ferrara, "Prairie Home Companion," *National Wildlife* 23（3,1985）: 49-53.

P.201　**「細菌型のペスト bacterial plague」**（森林型のペストあるいは腺ペストとも呼ばれる）とプレーリードッグについての追加情報は Hoogland, *The Black-tailed Prairie Dog*, p.80,151. を参照。

P.205　1900年代初期のプレーリードッグ**毒殺キャンペーン**の一次資料は W. R: Bell, "Death to the Rodents," in U.S. Department of Agriculture, *USDA Yearbook 1920*（Washington, D.C.: U.S. Government Printing Office, 1920）, pp.421-38. **C・H・メリアム**その他の政府職員が演じた役割を書いているのは Miller et al., *Prairie Night*, pp.22-25。

P.207　毒殺計画の実行が正味のところ損失をもたらすことを明らかにした**費用＝便益分析**は A. R. Collins et al., "An Economic Analysis of Black-tailed Prairie Dog Control," *Journal of Range Management* 37（1984）: 358-61.

P.207　**プレーリードッグ毒殺**に対するもう一つの理由づけは掘った穴の入口に家畜が脚を引っかけて怪我をするということだった。そういう事故は、起こる可能性はあっても稀な出来事だろう。最近の調査では、そのような怪我の確証された事例には一例も出逢うことができなかった（Hoogland, *The Black-Tailed Prairie Dog*, pp.20, 21）。

P.208　**プレーリードッグの住処を保護する努力**について、最新情報はウェブサイト National Wildlife Federation（www.nwf.org）そしてPredator Conservation Alliance（www.predatorconservation.org）を参照。

P.209　**クロアシイタチの行動と生態**、またこれを絶滅から救う闘いの物語いついて、追加情報は Miller et al., *Prairie Night*. 物語の一部は R. M. May, "The Cautionary Tale of the Black-footed Ferret," *Nature* 320（1986）: 13-14、およびD. Weinberg, "Decline and Fall of the Black-footed Ferret," *Natural History* 95（2,1986）: 63-69 の中でも語られている。このイタチの状況の最新情報は A. Dobson and A. Lyles, "Black-footed Ferret Recovery," *Science* 288（2000）: 985-88. 私は、クロアシイタチの保存に携わっている米国地質調査所の科学者、ビギンズ博士 Dr. Dean Biggins との個人連絡にもよった。この希少哺乳動物の最新情報については Predator Conservation Alliance website:www.predatorconservation.org. を参照。

P.213　アナホリフウロウについての**ズニ・インディアン**の説話の一つは V. C. Holmgren, *Owls in Folklore and Natural History*（Santa Barbara, Calif.: Capra Press, 1988）, pp.52-54 の中で語られている。

P.214　**アナホリフクロウの行動と生態**の古典的な研究はL. Thomsen, "Behavior and Ecology of Burrowing Owls on the Oakland Municipal Airport," *The Condor* 73（1971）: 177-92. **地理分布**も含む、より一般的な参考文献は E. A. Haug et al., "Burrowing Owl," in American Ornithologists Union, *Birds of North America*, vol. 61（Philadelphia: Academy of Natural Sciences of Philadelphia, 1993）. あまり技術的な面にわたらない**議論**はG. Green, "Living on Borrowed Turf," *Natural History* 97（9, 1988）: 58-64.

P.214　モリナ神父によるアナホリフクロウの1782年の最初の記述に言及しているのは Holmgren, *Owls in Folklore and Natural History*, pp.154,155.

P.218　アナホリフクロウに及ぼす殺虫剤の影響の証拠を挙げている最近の研究は J. A. Gervais et al., "Burrowing Owls and Agricultural Pesticides: Evaluation of Residues and Risks for Three Populations in California," *Environmental Toxicology and Chemistry* 19（2, 2000）: 337-43.

P.219　シリコン・ヴァレーにおけるアナホリフクロウの棲み場所保護の諸面を描いているものとして R. Holmes, "City Planning for Owls," *National Wildlife*（October-November 1998）: 46-53 および L. Trulio, "Native Revival: Efforts to Protect and Restore the Burrowing Owl in the South Bay," *Tideline*［a publication of the U.S. Department of the Interior, Don Edwards San Francisco Bay National Wildlife Refuge］18（1, 1998）: 1-3. 追加の情報はトルリオ博士 Dr. Lynn Trulio との個人的連絡から得られた。

P.221　都市化の非常に進んだ地域でフクロウの生き残りを助けようとする影響緩和の努力の記述は L. Trulio, "Passive Relocation: A Method to Preserve Burrowing Owls on Disturbed Sites," *Journal of Field Ornithology* 66（1,1994）: 99-106 および L. Trulio, "Burrowing Owl Demography and Habitat Use at Two Urban Sites in Santa Clara County, California," *Journal of Raptor Research Reports* 9（1997）: 84-89.

第９章　大地

P.224　我々は食糧の九七パーセントを土壌から得ている（そして三パーセントは海洋その他の水系から）という見積りは Council on Environmental Quality（CEQ）, *The Global 2000 Report to the President*, vol. 2（Washington, D.C.: U.S. Government Printing Office, 1980）から。

P.225　E・O・ウィルソンの「懸念をもつ生態学者」のくだりは E. O. Wilson, *Consilience: The Unity of Knowledge*（New York: Alfred A. Knopf, 1998）, p.287 から。

P.226　ダストボウルの悲劇的な出来事、またその原因や長期の結果は優れた著書である D. R. Hurt, *The Dust Bowl: An Agricultural and Social History*（Chicago: Nelson-Hall, 1981）に活き活きと描かれている。一九三五年三月一五日の黒い吹雪は51-52ページに、原出典も挙げながら描かれている。

P.228　この土地を本当に傷つけることなどできやしないと主張した農夫のことは Hurt, *The Dust Bowl*, p.68 に引用。

P.228　オクラホマ州シマロン・カウンティーの降雨データは Hillel, *Out of the Earth*, p.162.

P.231　合衆国および欧州の現在の土地侵食速度の範囲のデータは、主として L. K. Lee, "The Dynamics of Declining Soil Erosion Rates," *Journal of Soil and Water Conservation* 45（1990）: 622-44 および D. Pimentel and N. Kounang, "Ecology of Soil Erosion in Ecosystems," *Ecosystems* I（1998）: 416-26 から。水路への堆積速度にもとづいて、土壌の侵食による損

失としてはるかに低い値を見積もっているのはS. Trimble and P. Crosson, “U.S. Soil Erosion Rates —— Myth and Reality,” *Science* 289（2000）: 248-50.

P.232　**土壌形成の速度**（通例新しい表土一インチ［約二・五センチメートル］ができるのに数百年）は、多くの土壌科学の教科書で論じられている。たとえば Jenny, *The Soil Resource*.

P.232　**土壌の侵食速度**や関連する多くの参照文献は *World Soil Erosion and Conservation*, edited by D. Pimentel et al.（Cambridge: Cambridge University Press, 1993）に載っている。この主題はまた Hillel, *Out of the Earth*, pp.163-65, 205-10 でも論じられている。

P.233　現場外での（off-site）**侵食の損失**および経済的な影響の議論は D. Pimentel et al., “Environmental and Economic Costs of Soil Erosion Rates and Conservation Benefits,” *Science* 267（1995）: 1117-23 を参照。またはるかに楽観的な反対の見解はP. Crosson, “Soil Erosion Costs and Estimates,” *Science* 269（1995）: 461-63.

P.234　現代の農業者および家庭園芸家向けに書かれた**土地保全の勧告**は F. Magdoff and H. van Es, *Building Soils for Better Crops*（Burlington, Vt.: Sustainable Agriculture Publications, 2000）に提供されている。

P.237　**バイオレメディエーション（汚染除去）での土壌微生物**の利用について、もっとも包括的な教科書は Martin Alexander, *Biodegradation and Bioremediation*, 2d ed.（San Diego: Academic Press, 1999）. **白色腐朽細菌**はその349ページ、*Pseudomonas putida* の遺伝子組替えは318ページで論じられている。他の有用な参照文献は Atlas and Bartha, *Microbial Ecology*, pp.512-85.

P.240　欧州での**酸性雨と森林の衰退**の関連と、この問題の研究史は E.-D. Schulze, “Air Pollution and Forest Decline in a Spruce（*Picea abies*）Forest,” *Science* 244（1989）: 776-83 を参照。

P.240　**窒素の堆積**（酸性雨に伴って）の影響と森林の衰退（合衆国北東部で）は J. Aber et al., “Nitrogen Saturation in Temperate Forest Ecosystems,” *BioScience* 48（11,1998）: 921-34 で論じられている。酸性雨が植物の栄養獲得に及ぼす影響の他の側面の研究は W. Shortle and K. Smith, “Aluminum-Induced Calcium Deficiency Syndrome in Declining Red Spruce,” *Science* 240（1988）: 1017-18.

P.241　アーノルズ Eef Arnolds が中部ヨーロッパでの**土壌菌根菌類の衰退**と常緑樹種の健康の衰退の関係について行った包括的な研究がまとめられている彼の論文は “Decline of Ectomycorrhizal Fungi in Europe,” *Agriculture, Ecosystems, and Environment* 35（1991）: 209-44.

P.242　合衆国で**硫黄分の排出削減**を目指す1990年の空気清浄化法案の成功を記述しているのは R. Kerr, “Acid Rain Control: Success on the Cheap,” *Science* 282（1998）: 1024-27.

P.243　**土壌の生物学的な過程が温室ガスに及ぼす影響**は近年さかんな研究と、そして数多くの国際的な科学シンポジウムの焦点となってきた。例を挙げれば *Soils and the Greenhouse Effect*, edited by A. Bouwman（Chichester, Eng.: John Wiley and Sons, 1990）および Soils and Global Change, edited by R. Lal et al.（Boca Raton, Fla.: Lewis Publishers, 1995）.

P.244　**二酸化炭素が土壌生物に及ぼす影響**と養素循環に及ぼす影響の総説は E. Patterson et al., "Effect of Elevated CO_2 on Rhizosphere Carbon Flow and Soil Microbial Processes," *Global Change Biology* 3（1997）: 363-77 および M. Sadowsky and M. Schortemeyer, "Soil Microbial Responses to Increased Concentrations of Atmospheric CO_2," *Global Change Biology* 3（1997）: 217-24. 著者ヴォルフはコーネル大学で、土壌微生物学者シーズ Janice Thies と協同して、分子遺伝学の手法を使って、CO_2が土壌の生物多様性に及ぼす影響、および植物の養素獲得を調べている。これまで我々（他のグループも）が示したところでは、二酸化炭素レヴェルが高い状態で育てたマメ科植物では共生的な窒素固定は促進される（光合成が促進され、植物は根のところでより多くの共生細菌集団を養うことができるので）。つまり二酸化炭素のレヴェルが高いと、野生の草類にも栽培作物にもそれは有益な影響を及ぼし、また植物種の混在の様子と、自然の植物集落での養素循環に、疑いもなく変化をもたらす。このことの実証は、地上と地下での二酸化炭素に対する反応の間の複雑な相互作用の、ほんの一例である。

P.246　**土壌の炭素貯蔵を増大**させる可能性の研究はR. Lal et al., *The Potential of U.S. Cropland to Sequester Carbon and Mitigate the Greenhouse Effect*（Chelsea, Mich.: Ann Arbor Press, 1998）に見られる。

P.249　**生物資源探査 biorespecting** の指導的な権威である化学生態学者アイズナー Tom Eisner は、種の多様性の価値のとりわけ明快な説明を、"The Hidden Value of Species Diversity," *BioScience* 42（8,1992）: 578 のなかで与えている。

P.250　ヒレル Daniel Hillel は**条件つきの楽観主義**を *Out of the Earth*, pp.276-83 で論じている。

エピローグ

P.252　**ホイットマン** Walt Whitman の『草の葉 *Leaves of Grass*』の初版は1855年に刊行された。本書では、エピグラフその他の引用は1993年の Random House 版から。

索引

生物名

あ行
アオゲイトウ /pigweed　139
アカザ /lambsquarter　139
アカザ科 /Chenopodiaceae　139
アカシア /acacia　115
アガリクス・ブルンネセンス→マッシュルーム
悪性水腫細菌 /*C.septicum*　172
アザレア /azalea　133
アナホリフクロウ /burrowing owl　20, 194, 214ff
アブラナ科 /Brassicaceae　139
アマランサス /amaranth　139
アメリカアナグマ /badger　201, 215
アメリカバイソン /buffalo　199, 200, 205
アリ /ant　17, 161
アルケア→古細菌
アルファルファ /alfalfa　111
アルマジロ /armadillo　215
アルミラリア・ブルボサ /*Armillaria bulbosa*　142
イヌ /dog　136
ヴァーティキリウム /*Verticillium*　174
ウェルチ細菌 /*C.perfringen*　172
ウサギ /rabbit　15, 20, 215
ウチワサボテン /pricky pear cactus/*Opuntia plycantha*　200
疫病菌 /Phytophthora　174-176
黄色ブドウ球菌 /*Staphylococcus aureus*　169
オオカミ /wolf　200
オーク /oak　63, 134, 136, 139
オグロプレーリードッグ /black-tailed prarie dog/*Cynomys ludovicianus*　201
オプンティア・プリカンサ→ウチワサボテン

か行
カエデ /maple　15, 63, 133, 141
カバノキ /birch　134

ガラガラヘビ /rattlesnake　201, 218
カラシナ /mustard　139
カンガルーネズミ /kanngaroo rat　215
かん菌→バチルス
キツネ /fox　20, 201
キャベツ /cabbage　139
菌根菌 /Mycorrhyza fungus　131ff
クマムシ /water bear　15-16, 17
クリ /chestnut　134
クロアシイタチ /black-footed ferret/*Mustela nigripes*　20, 194, 201, 208ff
黒いトリュフ /*Tuber melanosporum*　136
クロストリディウム・セプティクム→悪性水腫細菌
クロストリディウム・テタニ→破傷風細菌
クロストリディクム・ペルフリンゲン→ウェルチ細菌
クローバー /clover　141
原核生物 /prokaryote　89ff
古細菌 /Archaea　92ff
コッキディオイディス・イミティス /*Coccidioides immitis*　173
小麦 /wheat　177, 180
米 /rice　177
コヨーテ /coyote　201

さ行

細菌類 /bacteria　89
シカ /deer　15, 205
ジャガイモ /potato　175-177, 181
シャクジョウソウ /Monotropa　137
シュードモナス /Pseudomonas　181, 238
ジリス /ground squirrel　20, 215
シロアリ /termite　161
白いトリュフ /*Tuber magnatum*　136
真核生物 /eucaryote　89
スカンク /polecat　200
スーダングラス /sudangrass　179-180
ストレプトミケス→放線細菌
ストレプトミケス・グリセウス /*Streptomyces griseus*　187
セイヨウショウロ→トリュフ
セコイア /redwood　139
線虫 /nematoda　17

た行

ダイズ（大豆）/soybean　141
タカ /hawk　200, 201
ダニ /tick　17, 24, 201, 203
窒素固定細菌 /nitrogen-fixer　109ff, 130, 200
ツチブタ /aardvark　20
ツベル・マグナトゥム→セイヨウショウロ
ツリミミズ /*Lumbricus terrestris*　151, 159
テルムス・アクアティクス /*Thermus aquaticus*　60
ドイツトウヒ /*Picea abies*　239
トウヒ /spruce　239ff
トウモロコシ /maize　141, 177
トネリコ /ash　133
トビムシ /springtail　17, 24
トリコデルマ /*Trichoderma harzianum*　181-182
トリュフ /truffle/*Tuber spp.*　135-137

な・は行

ナラタケ /*Armillaria* →アルミラリア
ネコブセンチュウ /Meoidogyne　175
根瘤病菌 /clubroot fungus　175
ノミ /flea　201, 203
白色腐朽細菌 /*Phanerochaete*　237
ハシバミ /filbert　136
破傷風細菌 /Clostridium tetani　169-170
バチルス /*Bacillus*　181
バッファロー→アメリカバイソン
パパイヤ /papaya　180
ハヤブサ /falcon　201
ハンノキ /alder　141
ピシウム /Pythium　174
ヒース /heath　139
ヒマラヤスギ /cedar　133
ヒユ /edible amaranth　139
フィトプトラ→疫病菌
フェレット /ferret →クロアシイタチ
フサリウム /*Fusarium*　174
プソイドモナス→シュードモナス
ブタ /pig　136
ブドウ /grape　133

フトミミズ科 /Megascolecidae 158
ブナ /beech 15, 63, 134
ブラストミケス・デルマティティディス /*Blastomyces dermatitidis* 173
プラスモディオフォラ /*Plasmodiophora brassicae* →根瘤病菌
プラティレンクス /*Pratylenchus* 175
フランキア /Frankia 115
プレーリードッグ /prairie dog 20, 194ff
ブロッコリ /broccoli 139
プロングホーン /*Antiocapra Americana* 205
米ツガ→ヘムロック・ツリー
ペスト細菌 /*Yersinia pestis* 203
ベッチ /vetch 111
ペニシリウム・ノタトゥム /*Penicillium notatum* 185
ヘムロック・ツリー /hemlock tree 15
ヘラジカ /elk 205
放線菌→放線細菌
放線細菌 /actinomycetes 15, 181
ホウレンソウ /spinach 138
ボブキャット /bobcat 201

ま・や・ら・わ行

マウス /mouse 186, 215
マツ /pine 139, 141
マッシュルーム /*Agaricus brunnescens* 135
マメ科植物 /legume plant 112ff, 141
豆類 /beans and peas 111ff, 130
マーモット /marmot 215
ミズカビ /water mold 174
ミミズ /*Lumbricus terrestris* 16, 18, 24-26, 148ff, 200
メスキット /mesquite 200
メスキート /mesquite tree/*Prosopis glandulosa* 114
メタノコックス・ヤナシイ /*Methanococcus jannaschii* 94
メタン生成細菌 /methanogen 79ff
メタン生成微生物→メタン生成細菌
モグラ /mole 20
モミ /fir 239
モルモット /guinea pig 186
ユーカリ /eucalyptus 139
リゾクトニア・ソラニ /*Rhizoctonia solani* 174
リゾビウム /*Rhizobium* 114ff, 162

リンゴ/apple 133
ルピナス/lupine 111
レッドウッド→セコイア
連鎖球菌/*Streptococcus* 169
ワシ/eagle 201

人名

あ行

アーノルズ/Eef Arnolds 241-242
アバウィ/George Abawi 180
アリストテレス/Aristotle 87
アレン/Michael Allen 136, 139
ウィルコーヴ/David Wilcove 194
ウィルソン/John Wilson 61
ウィルソン/Edward O. Wilson 225
ヴィルファルト/Hermann Wilfarth 111-113
ウェッジウッド/Josiah Wedgewood 151
ヴェヒテルスホイザー/Gunter Wachtershauser 50
ヴェルギリウス/Virgil 112
ウォブラー/Frank J.Wobber 62
ウォリッチ/Nathaniel Wallich 33
ウォルフ/Ralph Wolfe 92, 98
ウーズ/Carl Woese 78ff
オーデュボン/John James Audubon 199
オンストット/Tullis Onstott 56

か行

カスター/George A. Custer 199
ガロー/I. Gallaud 137-138
カンドラー/Otto Kandler 98, 101
北里柴三郎 170
クラーク/William Clark 16, 194ff
グリーア/Frank Greer 59
クリック/F. Click 46
クルークス/Sir William Crookes 121
グールド/Stephen Jay Gould 74
クーン/Thomas Kuhn 98

ケアンズ=スミス /Graham Cairns-Smith　46-48
コイン /Lelia Coyne　45-46
ゴールド /Thomas Gold　63-64

さ行
サッチェル /J. E. Satchell　154
ジェファーソン /Thomas Jefferson　194
シュレディンガー /Erwin Schrodinger　46
シュロス /Milton Schroth　181
スタインベック /Steinbeck　228
スロボチコフ /Constantine N. Slobodchikoff　198
ゾベル /Claude Zobell　59

た行
ダーウィン /Charles Darwin　16, 33, 150ff
チェーン /Ernest Chain　185-186
ツッカーカンドル /Emile Zuckerkandl　84
デーヴィーズ /Paul Davies　40
デカルト /Rene Descartes　106
デュボス /Rene Dubos　186
トゥルリオ /Lynn Trulio　219-220
ドーキンス /Richard Dawkins　145
ド・デューヴ /Christian de Duve　37

な・は行
ネルンスト /Walther Nernst　122
パイク /Zebulon Montgomery Pike　199
ハクスリー /Thomas Henry Huxley　24, 34-36
バスティン /Edson Bastin　59
パストゥール /Louis Pasteur　66, 102
ハートマン /Gary Hartman　182
バナール /John Desmond Bernal　45
ハーバー /Fritz Haber　122-125
ヒトラー /Adolf Hitler　124
ヒレル /Daniel Hillel　250
ファウラー /William Fowler　35
フェリス /J.P.Ferris　45
フッカー /Dalton Hooker　33
フック /Robert Hooke　99
フランク /A. B. Frank　135-137

プランク /Max Planck 124
フレミング /Sir Alexander Fleming 185-186
フローリー /Howard Florey 185-186
ベイエリンク /Martinus Willem Beijerinck 114
ペース /Norman Pace 98
ベーリング /Emile von Behring 170
ベル /Charles Bell 171
ヘルライゲル /Hermann Hellreigel 111-113
ホィッテーカー /Robert Wittaker 88-89
ホイットマン /Walt Whitman 252-254
ホグランド /John Hoogland 201
ポーリング /Linus Pauling 84, 100

ま・や・ら・わ行

マーギュリス /Lynn Margulis 130, 138
マクナブ /James McNabb 61
ミラー /Stanley Miller 38-39
メリアム /C. H. Merriam 205
モリナ神父 /Father Molina 214
ユーリー /Harold Urey 38-39
リンネ /Carolus Linnaeus 87-88
ルイス /Meriwether Lewis 16, 194ff
レーウェンフック /Anton van Leeuwenhoek 81, 88, 98-100
ローレス /James Lawless 45
ワクスマン /Selman Waksman 184ff
ワトソン /James Watson 46